浙江省重点培育智库——浙江农林大学浙江省乡村振兴研究院成果

国家自然科学基金面上项目（项目编号：71873060）成果

林业社会化服务供给与农户需求特征

及其影响研究

孔凡斌　　廖文梅　著

中国农业出版社

北　京

前　　言

　　健全林业社会化服务体系是我国深化农村集体林业产权制度改革的重要内容，是全面提升集体林业经营现代化发展水平的必然要求。2017 年、2018 年和 2019 年中央 1 号文件分别指出"完善农业社会化服务体系，提升农业社会服务供给能力和水平""促进我国小农户和现代农业发展的有机衔接"和"加快培育各类社会化服务组织"，党的十九届四中全会提出进一步深化农村集体产权制度改革的重要任务。林业社会化服务体系在巩固和深化农村集体林权制度改革成果中发挥着不可替代的重要作用。我国农村改革发展进入了新时代，适应深化农村集体林业产权制度改革推动我国林业现代化建设新的时代要求，进一步健全林业社会化服务体系，把千家万户的小规模林业生产联结起来，提升管理和服务水平，推动形成规模效益、节本增效，实现小规模林业经营户与林业现代化发展有机衔接，改善我国集体林业发展和农户经营面临的当前困境，全面提升集体林业规模经济和分工效率，是深化农村集体林业产权制度改革的必然选择。

　　新一轮农村集体林业产权制度改革以来，农户作为集体林地承包经营权的主体地位基本被确立，从事林地生产经营的积极性也空前提高。与此同时，农户在林地经营中遇到许多实际困难，例如缺少先进实用技术、林产品销售困难、缺乏经营资金、害怕政策不稳定等问题，这些问题和困难在一定程度上提升了农户对林业社会化服务需求的急迫性。然而，我国农村农业社会化服务供给不足，尤其是林业社会化服务供给短缺现象尤为明显。时至今日，农村林业社会化服务有效供给不足的问题尚未得到有效解决，并成为影响农村农户林地经营积极性及集体林业经营现代化的重要因素。建立面向农户需求的林业社会化服务体系已是迫在眉睫的改革任务。全面了解农村林业社会化供给内容、供给体系构成、基本功能及其供给效率，掌握林业社会化供给对农村农户林业生产经营行为和家庭收入的具体影响特征及其影响机制，准确把握农村集体林权制度改革后农户林业社会化服务需求的特征，明确影响农户林业社会化服务需求的主要因素及其影响机制，探明农户林业社会化服务需求意愿及其向服务采纳行为转化的机制及其关键主控因素，进而从供给和需求两端提出完善对策建议，是探索建立新型林业社会化服务体系的科学基础和决策前提。为此，我们在开展农村集体林业产权制度改革长期跟踪研究的经验和成果的基础上，结合当前新型林业社会化服务体系建设的改革要求，2018 年以《需求行为、供给效率与新型林业社会化服务体系建构研究：主体异质性、供需匹配机理与制度设计》为题申报国家自然科学基金管理科学部面上项目，并成功获批立项（项目编号：71873060）。自此，我们以高质量推进项目研究为动力，结合已有研究成果，在林业社会化服务供给与农户需求特征及其影响机制这一重要研究方向上继续探索，产出了系列研究成果，本著作是这些研究成果的集成。

本著作分为四章，各章的主要内容如下：

第一章为研究意义与研究进展。利用文献综合分析方法，阐释构建新型林业社会化服务体系的重大意义，对新型林业社会化服务的概念、构成及运行模式、服务需求与服务供给特征与完善对策、服务效果与评价等方面的研究文献进行系统梳理、归纳和综合评述，对构建新型林业社会化服务体系研究的重点方向和主要内容给出展望。

第二章为林业社会化服务供给及其效率和影响研究。阐释我国林业社会化服务供给的主要内容，分析林业社会化服务供给体系构成及其功能特征。以林业技术推广为例，量化分析我国 26 个省（区、市）林业社会化服务供给效率及其时空演变特征。利用农户调查数据，依次量化分析林业社会化服务供给对不同贫困程度农户林地投入和产出的影响机制，林权抵押贷款对农户收入的影响机制以及贷款对不同贫困程度农户收入的影响机制。

第三章为农户林业社会化服务需求特征及其影响研究。基于农户调查数据，依次量化分析集体林区农户林业社会化服务需求及其影响因素和影响机制，劳动力转移因素对农户林业社会化服务需求的影响机制及其影响差异，贫困因素对农户林权抵押贷款需求的影响机制，林地细碎化对农户林业科技接纳行为的影响机制，农户林权抵押贷款行为的影响因素与影响机制，以及农户参与森林保险意愿的影响因素和影响机制。

第四章为农户林业社会化服务需求意愿与选择行为偏差及其影响研究。基于农户调查数据，量化分析生产要素禀赋对经营规模异质性农户林业社会化服务需求意愿和选择行为偏差及其主要影响因素和影响机制。

本著作是浙江省重点培育智库——浙江农林大学浙江省乡村振兴研究院的重要成果之一，出版工作得到了研究院的支持和帮助，江西财经大学生态经济研究院人口、资源与环境经济学 2017 年级博士研究生阮华同学为本书付出了大量的劳动，同时参与本书编写和文字编辑工作的还有江西农业大学经济管理学院硕士研究生张广来、周孟祺、童婷、秦克清、陈春阳、陈凯等同学，在此一并表示感谢！

本书可供高等学校和科研院所农林经济管理学以及相关专业的研究生和相关研究人员阅读参考，也可以作为林业、农业农村等政府管理部门工作人员的参考用书。

本著作在集合作者自身研究成果的基础上，努力吸收国内外专家学者的研究成果，我们力求在注释和参考文献中全部注明，若万一有遗漏之处，敬请谅解！由于作者学识所限，书中难免有错误疏漏之处，真诚希望各位专家学者及使用本书的同行批评指正，相关意见建议可随时发至作者邮箱：kongfanbin@aliyun.com，以便我们进一步完善。

著者：孔凡斌　廖文梅

2020 年 4 月

目　　录

第一章 研究意义与研究进展

在全面深化农村集体林业产权制度改革的新时期，构建完善的新型林业社会化服务体系，为广大新型林业经营主体提供及时有效的林业社会化服务，成为学界和政界的共同关注。深刻阐释构建新型林业社会化服务体系的重大意义，对新型林业社会化服务的概念、构成及运行模式、服务需求与服务供给特征与完善对策、服务效果与评价等方面的研究文献进行系统梳理、归纳和综合评述，对构建新型林业社会化服务体系研究的重点方向和主要内容给出展望（孔凡斌 等，2017）。

1.1 研究意义

1.1.1 构建新型林业社会化服务体系对于建立我国新型农业经营体系，深入推进我国农业供给侧结构性改革具有重要的现实意义

构建新型农业社会化服务体系是建设我国新型农业经营体系的重要内容，一直是党和国家农村工作的重点关注。党的十七届三中全会明确了"构建新型农业社会化服务体系"的方向、任务和重点，党的十八大报告提出要着力"构建集约化、专业化、组织化、社会化相结合的新型农业经营体系，发展多种形式的社会化服务"，2017年中央1号文件将完善以农业技术推广体系为核心的农业社会化服务体系作为推进我国农业供给侧结构性改革的重要抓手。新型林业社会化服务体系是我国新型农业社会化服务体系建设的重要组成部分，研究和探索新形势下我国新型林业社会化服务体系构建路径和具体政策措施，对于完善我国农业社会化服务体系，加快农业现代化进程具有重要的意义。

1.1.2 构建适应林业现代化建设要求的新型林业社会化服务体系是我国林业发展方式由传统向现代转型的重要环节，是深化我国农村集体林业产权制度改革的重要任务

新一轮集体林权制度改革后，我国林业生产面临着小规模与大产业、大市

场之间的现实矛盾，存在着林农林产品生产经营成本趋高，抵御市场风险和自然灾害风险的能力趋弱，林产品市场竞争力不强，林农林地投入积极性不高，林业社会化服务需求与供给严重不匹配等问题。这些问题的长期存在，必将严重制约我国集体林业经营发展水平的提高，影响林业现代化建设步伐（张建龙，2016）。农村林业社会化服务体系在巩固集体林权制度改革成果和发展现代林业过程中具有不可替代的作用（孔凡斌，2008；乔永平和聂影，2010）。建立健全农村林业社会化服务体系，提升管理和服务水平，是建立新型林业生产经营体系的重要内容，是深化集体林权制度改革，推进我国林业现代化建设的必然要求（张建龙，2015；国家林业局，2017）。

1.1.3　供需结构失衡是构建我国新型林业社会化服务体系面临的现实困境，也是我国新型林业经营体系建设中亟待破解的理论和政策难题，探明供需特征及其影响机制是我国新型林业社会化服务体系构建及其制度创新的重要切入点

新一轮集体林权制度改革之后，我国林业社会化服务的供给与需求之间总量不平衡、结构不匹配问题尤为突出，尤其是在市场服务环节中销售、融资等方面失衡非常明显。最新的研究表明，在所调查的1 400余户农户中有75.26%农户对林业社会化服务需求愿意十分迫切，有近87.6%的农户反应很难得到及时有效的林业社会化服务（廖文梅 等，2016）。为此，需要从服务需求、服务供给两端重新构建林业社会化服务体系基本框架（柯水发 等，2014；许雯静，2015；廖文梅 等，2016），形成政府、市场、社会共同参与、多方合作的多元治理模式（吴守蓉 等，2016；才琪 等，2016）。但是，导致林业社会化服务供需结构失衡的关键影响因素及其作用机理尚不够明确（孔凡斌 等，2016）。同样，从供需匹配角度研究我国林业社会化服务供需特征及其影响机制尚处于起步阶段（廖文梅 等，2016），亟待深入系统研究。

1.1.4　农户是集体林业生产经营最大的主体，农户林业社会化服务需求是决定林业社会化服务供给有效性的关键因素，厘清农户主体需求特征及其决定因素与影响机制，是构建新型林业社会化服务体系的科学前提和决策支撑

集体林权制度改革加速了新型林业经营主体的分化，普通农户、林业大户、家庭林场和林业合作社等林业经营主体呈现主体特征异质性和需求多样化

的发展趋势，不同需求主体之间在社会特征、社会资本、资源禀赋以及获取信息资源渠道等方面具有较明显的异质性特征，与此同时，农户成为最大的生产经营主体，其需求特征的变化要求林业社会化服务在时间和空间上做出适应性响应（孔凡斌和廖文梅，2014）。例如，不同类型农户需求主体对林业病虫害等"三防"服务、林业良种及栽培技术服务、林业市场销售信息服务、林业政策咨询服务、林业融资服务和林业资产评估服务等的需求意愿上表现出丰富的多样性特征（廖文梅 等，2016），这给林业社会化服务供给体系的变革带来了挑战。全面掌握农户这个需求主体及其需求的异质性、多样性特征和变化规律，是建立面向农户的精准有效的新型林业社会化服务供给体系的基本前提。

1.2　研究进展

1.2.1　林业社会化服务体系构成及其运行模式研究

国外的研究认为，林业社会化服务体系是通过建立不以营利为目的的林业协会，来帮助小规模林业经营者适应市场竞争，给林业经营者提供林业生产经营的全方位信息和指导（Wayburn，2013；Stocks and Martell，2016）。在美国，林业社会化服务体系分为政府和中介组织两部分内容，政府主要是通过林业推广、林业教育和林业科研三个方面推进现代林业服务社会化建设体系（Paridora，2001；Toppinen and Berghäll，2013），政府只提供技术和教育援助而不是财政援助（O'Herrin and Shields，2016），中介组织负责与政府和市场沟通，保护私有林经营者的利益（Zagreb，2014；Glicksman，2014），为林场主提供有偿服务（Kenefic L S，2017）。瑞典建立了由省林业委员会、私有林主协会以及林业技术公司等组成的林业社会化服务机构（李近如和王福田，2003；Mattilaa and Roos，2014），其服务主要通过市场来运作（Mendes，2006）。日本的林业社会化服务体系主要以森林组合为主，多采取委托经营的模式（冯彩云，2006）。葡萄牙和德国的林业社会化服务主体是林主联合会、农村专业合作社组织（胡家浩，2008；Reboredo and Pinho，2014）。芬兰成立的林主协会为林主提供有偿服务，服务项目包括提供供销和技术信息、制定森林经营方案、帮助林主进行采伐作业及造林更新（Palo and Lehto，2012）。荷兰、丹麦则通过林业合作经济组织，重点为弱势群体提供服务，通过互助的方式实现自助服务（孔祥智 等，2008）。整体上看，大多数发达国家的林业社会化服务体系建设坚持以市场为导向，依靠市场机制的作用来保证林业社会化服务体系的有效运行，政府直接干预较少，政府主要通过支持公益性极强的部门来提供林业服务，如建设林业教育、科研和技术推广体系等。

关于林业社会化服务内容的研究，国外较多集中在林业管护、森林防火和森林病虫害的防治等服务上。在众多国家，森林防火服务主要由社会化组织提供（Petty et al.，2014；Wang et al.，2017），由于支付给森林火灾服务组织的服务费用占森林总管护费用的比例很高，因此，如何降低火灾服务组织的服务费用是研究者的重点关注，且集中在如何降低固定（预先抑制）和可变（抑制）支出（Stocks and Martell，2016）。关于林业病虫害的防治服务，有研究认为病虫害防治已成为影响林场主经营林业的主要因素，为此，不少林场主有偿委托专业组织来进行森林病虫害防控（Bereczki，2015；Jian J et al.，2015；Szulecka et al.，2016）。除此之外，林业管护的社会化服务也成为不少国家林业经营管理的主要方式（Szulecka et al.，2016）。

1.2.2 我国林业社会化服务体系构成及其运行模式研究

我国林业社会化服务体系构成主要是政府主导、市场主导和合作型社会化服务供给模式三种类型（张立春，2014）。政府主导型主要是政府部门管理下的各类林业推广组织、林业站以及政策咨询等服务部门，主要有"政府＋农户"或者"政府＋第三方＋农户"的社会化服务形式。市场主导型则是企业与林农双方通过契约形式形成固定的服务关系，典型的模式就是"公司＋农户"，由公司向农户提供生产过程中所需的技术指导、市场供求信息、产品的运输以及加工等服务，农户在这个过程中要支付一定的费用。自助合作型是以农户的各类经济合作组织为基础建立起来的，其服务内容主要包括生产要素的供应、产品加工以及最后的运输、销售等，也包括为农户提供科技、信息等社会化服务。这种模式可以较好地为林农提供产前、产中和产后的服务方案（祁效杰 等，2013）。另外，也有一些学者将林业社会化服务体系构成具体分为林业产权交易机构、林业社会化服务机构、林业科技服务机构、林权抵押贷款机构和森林保险机构五个部分（徐春永 等，2015）。

1.2.3 集体林权制度改革后林业社会化服务供需特征研究

已有一些研究对农村社会化服务给予了关注，但主要集中在农业社会化服务方面，对林业社会化服务的研究相对较少。早期研究认为，农户对技术服务有着较强的需求意愿，但需求强度与该技术服务的相关收入占家庭总收入的比例以及农户在生产中是否遇到过技术难题有着重要正相关影响（黄武，2010），从"农户自己最需要的农业技术服务"和"最需要政府提供的农业技术服务"两个视角分析发现，农户对农业技术服务需求与供给处于失衡现象（王瑜 等，2007），而且，农业社会化服务供给不足，在欠发达地区尤为明显（谈存峰 等，2010）。还有研究认为，农技供需现状中存在的"有效供给""有效需求"不足与失衡现象，主要的原因是技术从产生到采用各环节主体的目标不一致，对农民的技术需求掌握不足，导致政府、农业科研、技术推广人员的技术创新及推广与农民的技术需求相脱节（黄季焜 等，2000）。同样的问题也存在于农村林业社会化服务领域之中，尤其是在新一轮集体林权制度改革之后，农户及其他新型林业经营主体从事林业生产经营活动的积极性明显提高，但同时又在林业社会化服务方面遇到了许多实际困难，例如，缺少先进实用技术、林产品销售困难、缺乏经营资金、害怕政策不稳定等问题（孔凡斌和廖文梅，2012），这些问题和困难在一定程度上提升了农户对林业社会化服务需求的急迫性。最近的一项关于1 413户农户入户调查结果显示，有75.26％农户对林业社会化服务需求意愿十分迫切（廖文梅 等，2016），而林业社会化服务有效供给的严重缺失，早已影响着农户及其他各种新型林业经营主体经营林地的积极性（蔡志坚 等，2007；廖文梅 等，2015，2016）。

1.2.4　需求主体对我国林业社会化服务需求的研究

目前的研究对象主要集中在农户主体。集体林权制度改革后，农户对技术服务、资金服务、政策与法律服务、森林保险服务和林业合作组织服务等有着较强的需求意愿（李宏印和张广胜，2010；庄丽娟 等，2011；孔凡斌和廖文梅，2012）。概括起来看，农户林业社会化服务需求包括六大服务类型，即林业政策咨询服务、林业良种及栽培技术服务、林业病虫害等"三防"服务、林业融资服务、林业市场销售信息服务、林业资产评估服务等，按迫切程度排序依次为林业病虫害等"三防"服务、林业良种及栽培技术服务、林业市场销售信息服务、林业政策咨询服务、林业融资服务和林业资产评估服务，且农户对林业社会化服务的需求主要发生在生产和销售两个环节（廖文梅和孔凡斌 等，2016）。较早的研究认为，农户社会化服务按需求强度由大到小依次为技术服务，信息服务，金融、保险服务，法律服务，其他服务（蔡志坚 等，2007）。后续的研究表明，农户受教育年限、林业收入占比和家庭收入对林业技术服务需求的影响尤为显著，户主受教育程度、农户是否参与合作组织及住所到城镇的距离对农户种苗服务需求有显著影响（程云行 等，2012）。也有研究把林业社会化服务作为影响农户经营决策行为的重要因素（薛彩霞和姚顺波，2014；庄丽娟 等，2011；王浩和刘芳，2012）。最新的研究发现，在影响农户林业社会化服务需求的因素中，农户是否加入林业合作组织、是否接受服务收费、是否经历相应的困境和当地是否提供相应服务等诱导因素显著影响农户林业社会化服务需求，林业专业合作社在林业社会化服务功能上所起的作用非常有限，服务收费对农户林业社会化服务需求具有明显的抑制作用（廖文梅和孔凡斌等，2016）。

国内对农业社会化服务采纳行为展开了不少研究，例如龚继红、钟涨宝（2011）的研究发现，农户对农业服务普遍具有需求意愿，农户背景特征对其采纳农业服务的意愿有显著的影响。王志刚等（2011）的研究表明，在水稻生产环节，农户采纳农业生产性服务（比如农机播种、收割等）是普遍现象，户主年龄、家庭农业劳动力数量、家庭拥有农机的价值和土地破碎度，对农户采纳社会化服务有显著的负向影响，县域亩均农机动力、乡镇有种稻额外补贴和农户加入农业专业合作组织等对农户采纳社会化服务有显著的正向影响。当然，后续的类似研究还有很多。关于农户林业社会化服务采纳行为的研究成果直到最近几年才见诸报道，比较有代表性的研究论文有柯水发等在 2013 年和2014 年分别对林农林业科技服务满意的影响和农户对林业科技服务支付意愿的影响的研究（柯水发 等，2013、2014），以及廖文梅等 2015 年对江西省吉安市 242 个样本户采纳湿地松低频采脂新技术行为的研究，该研究发现，有66.7％的农户采用了林业科技成果转化的湿地松高效低频采脂技术，林地细碎化对农户林业科技接纳行为影响显著并呈负相关，农户户主年龄、教育水平、家庭农业就业人数、家庭主要收入是否以林业为主和是否有亲属在林业部门工作，以及是否参加林业合作组织对农户科技采纳的影响显著并呈正相关，林地面积对农户科技采纳的影响显著并呈负相关（廖文梅 等，2015）。

1.2.5 我国林业社会化服务供给研究

一些研究认为，我国林业社会化服务程度较低，林业社会化服务供需结构差异较大（李宏印和张广胜，2010），不同区域的林业社会化服务供给能力和水平差异大（丁胜 等，2013），还存在林业服务机构的服务范围过小、林业合作组织数量太少、林业社会化服务的资金投入不足，以及定位不清、权责不明、服务主体供给单一、制度不健全等问题（吕杰和冉陆荣，2008）。有研究还探讨了农户对包括林业社会化服务在内的农村农业社会化服务需求内容以及社会化服务体系建设路径与模式等问题（孔祥智 等，2012）。此外，国内早期有一些关于政府主导的农村林业技术推广体系建设问题的研究，其关注的重点是针对市场经济条件下如何加强政府推广系统的机构和能力建设等问题，提出了具体的路径和政策建议（孔凡斌，2008）。但是，从整体上看，目前从林业社会化服务体系服务供给效率的视角来研究我国林业社会化服务体系构建问题的成果实属罕见。

就我国林业社会化服务供给能力建设中存在的问题，比较一致的观点认为，我国林业社会化服务体系建设中存在着诸如定位不清、权责不明、"官办"色彩浓厚（乔永平和聂影，2010），服务主体供给单一、供给能力不够、服务范围狭窄、服务能力有限，不能满足集体林权制度改革后林农对林业服务多样化的需求（孔凡斌，2008；刘宁，2014），还存在经营制度不健全、经营管理水平不高、缺乏林业风险保障机制（徐春永 等，2015；才琪 等，2016），金融支持力度不够、经费投入不足（胡兴华和李达德，2013）以及人力缺乏，科技推广体系不健全等问题（朱海强和刘晓华，2013；祁效杰 等，2013）。

1.2.6　我国林业社会化服务供需匹配路径与完善对策研究

国内研究针对集体林权制度改革之后我国林业社会化服务体系建设存在的突出问题，从健全服务体系、提升服务能力、满足服务需求等角度，提出了各自的对策建议，归纳起来主要有：一是构建政府、社会和市场"三位一体"的服务供给主体形式，丰富林业社会化服务内容，建立多元供给的服务体系（孔凡斌 等，2013；郑苗苗，2013；徐春永 等，2015）；二是加强制度建设，规范社会化服务活动和行为（林琴琴 等，2011）；三是完善配套政策，引导社会力量参与服务体系建设（许雯静，2015）；四是优化基础和环境建设，完善社会化服务的协调机制（才琪 等，2016）；五是增加林业社会化服务供给的有效性（程云行 等，2012），建立资金支持体系、信息网络体系、劳务服务体系和市场销售体系（秦邦凯 等，2011）。此外，廖文梅、孔凡斌等（2016）提出，要更加重视林业生产环节和销售环节的社会化服务供给，不定期地开展林业生产技术培训和林产品销售经验交流，利用便捷方式向农户提供各类林业技术与市场信息，提升农户林业社会服务需求的理性决策能力，同时，要建立人性化的林业社会化服务对象选择机制，针对农户需求特征的不同，采取不同的林业社会化服务推广策略，提高林业社会化服务工作的针对性和有效性。

1.3 创新研究方向

1.3.1 研究内容

已有成果从多角度对林业社会化服务体系建设问题做了艰苦的探索，取得了不少有价值的研究成果。但是，相对于农业社会化服务体系建设研究而言，我国林业社会化服务体系建设理论和政策研究在深度和广度上均存在不小的差距。不仅如此，已有的研究从供需特征及其影响机制的角度对新型林业社会化服务体系构建路径和制度的关注度还不够，对林业社会化服务需求特征、采纳行为及其驱动机制，尤其是集体林权制度改革之后，对林业社会化服务需求主体-农户的异质性、需求意愿、采纳行为的复杂性和多样性等重要问题的研究关注度还远远不够，导致了我国新型林业社会化服务体系建设重要理论和政策问题研究的系统性、完整性的严重缺失。

1.3.2 研究区域和研究方法

针对大尺度农户和其他新型林业经营主体的调研数据及实证研究严重不足，非常地缺乏宏观分析与微观实证的连接方法，尤其缺少基于区域大尺度宏观统计和微观尺度的农户大样本调查数据支持的实证分析和先进计量方法的适当运用研究，致使既有的研究还无法精准刻画新型林业社会化服务体系建设中存在的各种问题和矛盾，也无法揭示导致问题和矛盾产生和发展的关键因素及其驱动机理，致使无法从理论高度科学解释既有相关政策实施过程中存在的绩效缺失问题及其根源。

1.3.3 理论研究成果应用

目前不同的研究者关于集体林权制度改革后林业社会化服务需求和供给特征研究的结论在不同的时空维度上存在较大差异，对供需特征影响要素和政策需求差异的认识也不一致，致使所提出的对策建议还难以转化为中央政府的政策文件，影响了研究成果的决策支撑价值。因此，需要从更广泛的角度考察服务需求主体—农户的异质性和供给能力约束条件的多样性，特别是要关注林业社会化服务供给与农户需求特征变化及其影响机制的研究。

第二章 林业社会化服务供给及 其效率和影响研究

采用文献分析方法，阐释我国林业社会化服务供给的主要内容，归纳分析林业社会化服务供给体系构成及其功能特征。以林业技术推广为例，量化分析我国 26 个省（区、市）林业社会化服务供给效率及其时空演变特征。利用农户调查数据，依次量化分析林业社会化服务供给对不同贫困程度农户林地投入和产出的影响程度和影响方向，林权抵押贷款对农户收入的影响机制以及贷款对不同贫困程度农户收入的影响程度与影响机制。

2.1 林业社会化服务供给的主要内容

2.1.1 技术服务

技术服务即技术推广服务，是一种科技传播、扩散活动，是科技成果转化为生产力的重要桥梁和纽带，是农业现代化转型发展的重要因素。对于其概念的界定，《农业技术推广法》给出明确定义，是指通过试验、示范、培训、指导以及咨询服务等，把农业技术普及应用于农业产前、产中、产后全过程的活动。然而，关于农业技术推广服务的内涵，学术界众说纷纭，形成了极为丰富的观点。张晓川（2012）从物化产品视角，将农业技术推广服务划分为两个方面，一是包含一定技术要素的物化农业技术产品的供给，二是与农业技术产品相配套的服务，包括可以独立发挥作用的非物化农业技术。国亮（2011）从技术推广内容边界，将农业技术推广服务划分为狭义农业技术推广和广义农业技术推广，狭义农业技术推广对象是具体的农业实用技术，如良种、增产技术等；广义农业技术推广对象范围更广，除了具体的农业实用技术，还包括现代化的思想观念、经营理念。综合起来看，农业技术服务的内涵可以概括为：首先，农业技术服务是一项科技普及活动，具体包括农业生产全过程实用知识、技能以及与农村生活有关的科学知识。它以提升农民的科学素养、增强其科学决策能力为目标，它采用示范、教育、劝导、说服、沟通等方法。因而，农业技术服务的主要功能就是帮助农民掌握有关增产、增收的知识和技能。其次，农业技术服务作为一项生产性服务，具有公益性和经营性。

（1）林业技术服务。作为农业技术服务的一种，是指专门针对林业产业发展而开展的科技推广活动。它是林业产业发展中一个重要的要素，根据其适用的林业生产环节不同，林业技术具体可以分为机械化整地技术、林木良种培育技术、测土施肥技术、森林防虫技术、林间除草技术、苗木整形修剪技术、森林防火技术。

（2）机械化整地技术。是指利用各种机引农机具对田地进行深松、平整、起垄等一系列作业，以疏松土壤、增加耕作层深度，改善土壤结构、恢复和提高土壤肥力，为林木生长创造良好的土壤环境。

（3）林木良种培育技术。是指以优良品种苗木研发为基础，根据其生物学特性、各区域的气候差异、地形差异，提出与该类苗木种植相配套的地块立地条件、栽种时间、栽种密度及栽种方法。良种培育技术应用有助于营造良好的生长环境，提高苗木的成活率，保持充足光照，提升单位面积林产品产量，还能够节约劳动投入，提升劳动生产率。

（4）测土施肥技术。是指以土壤肥力测试为基础，根据苗木生长需肥规律及土壤供肥性能，提出氮、磷、钾及微量元素等肥料的施用品种、施用数量、施用时间及施用方法。测土施肥技术应用有助于提升土壤肥力，保持林地生产力，减少化肥的流失，提高化肥的利用率，同时，节约化肥的投入量，降低农户生产成本。

（5）森林防虫技术。是指通过使用化学药剂、人工器械设备或释放、吸引害虫天敌等方式，直接或间接消灭病虫害的一系列方法与措施的集合。其中林木苗木生长过程中的病虫害防治技术主要包括化学防治、物理防治、生物防治等。及时对森林进行物理和生物防虫处理有助于促进苗木的良好生长，提升林产品的产量和质量，且可减少环境污染，保持水源和土壤的良性性能，还能够降低林产品农药残留，保持林业的健康可持续发展。

（6）林间除草技术。是指在土壤表层或植物根茎部位掺入或喷洒化学药剂以控制全部或特定植物的生长环境，阻碍杂草吸收养分抑制其生长来清除杂草的新型除草方法。与传统人工除草方法相比，该方法具有除草速度快、效率高、省时、省力且经济效益高等优点。

（7）苗木整形修剪技术。是指在林木的成长过程中，根据光合作用对枝叶密度的需要，提出树枝修剪时间、修剪数量及修剪方式。苗木修剪有助于增强树冠内透光性，提高林木的生长速度，同时，能够减少营养物质的损耗，增强肥料及矿物质元素等的吸收能力。

（8）森林防火技术。是指在林区修建道路、营造防火林带、开设防火线和生土带，以阻隔林火的蔓延。

2.1.2　融资服务

（1）融资服务即资金融通服务。是一种涉及资金借贷的金融服务活动，是农业产业发展的重要保障。为了解决农村地区发展资金匮乏等问题，决策部门（主要是银监会）自从 2011 年连续 8 年发布《关于全面做好农村金融服务工作的通知》，银监会期望各银行业金融机构大力开展农村金融服务创新，开发多样化的信贷产品以及多种形式的信贷服务模式，继续做好对农户和农村小企业的信贷支持，并加大涉农信贷资金的投放。这些文件的出台和实施，有助于提升金融支农的力度，推动农村经济的发展，且形成多样化的金融工具，实现农村经济和金融发展的良性互动。

（2）林业融资服务。是指专门为林业产业发展所开展的资金借贷活动。由于农户拥有的抵押物不足，未能符合银行贷款要求，融资难问题一直突显。为了应对农户营林资金不足的困难，实施林权抵押贷款。所谓林权抵押贷款，即通过赋予森林、林木的所有权、林地使用权抵押权能，促使农户向金融机构申请贷款。自 2001 年，湖南省林业厅联合中国农业银行印发《湖南省森林资源资产抵押贷款管理办法（试行）》，林权抵押贷款进入实践阶段。2013 年，银监会联合国家林业局出台《关于林权抵押贷款的实施意见》，明确具备抵押权能的标的物范围，具体包括用材林、经济林、薪炭林的林木所有权和使用权及相应林地使用权，以规范林权抵押贷款。2018 年，银监会联合国家林业局、国土资源部出台《关于推进林权抵押贷款有关工作的通知》，提出要开发与特定林产品经营相适宜的贷款品种，推广林权按揭贷款、林权直接抵押贷款、林权反担保抵押贷款、林权流转交易贷款、林权流转合同凭证贷款和"林权抵押＋林权收储＋森林保险"等林权抵押贷款模式。同年，浙江省林业厅联合中国人民银行杭州支行、浙江省财政厅印发《公益林补偿收益权质押贷款管理办法》，该《管理办法》的颁布，对林业融资标的物范围进行了延伸，即赋予公益林补偿质押权能。

（3）林权抵质押贷款。是我国农村金融领域的一次有益的尝试，林权抵质押贷款是一种全新的贷款方式，其设立的主要目的是改善贷款条件，提升金融机构"三农"服务水平，加大对林业发展的信贷投入。和一般的小额信用贷款一样，林权抵质押贷款期限可以有短期、中期和长期，贷款用途并没有进行严格限定，贷款利率可以在中央银行规定的利率范围内自由浮动。

2.1.3 信息服务

信息服务，即信息传播、信息交流，是指信息传递的活动过程。根据信息服务的范畴不同，农业信息服务可以分为广义农业信息服务和狭义农业信息服务，广义农业信息服务是指向农户传递全部农业信息的活动，狭义农业信息服务是指根据农户信息需求，所开展的信息采集、整理、加工、传输、应用等相关活动（郑火国，2005）。从社会角度来看，农业信息服务是以满足农户农业生产经营信息需求的社会活动。因而，林业信息服务可以理解为信息服务主体通过各种信息传输手段，采用多种信息传输方式，为农户提供林业生产经营信息的服务过程和活动。

2.1.4 产品流通服务

农产品流通是指农产品从生产领域转移到消费领域的全过程，其中包括农产品的收购、运输、加工、储藏、销售等环节。农产品流通是实现其产品价值的必然前提，流通渠道是否畅通影响其价值实现进而影响农户的农业收入。农产品滞销问题频发，严重挫伤农户生产积极性。农产品流通服务的提出，是为了解决农产品"卖难"等问题，2009年，商务部启动"双百市场工程"，其中提出的总体目标是通过扶持农产品批发市场和农贸市场项目建设，完善乡镇市场基础设施，改善农产品流通环境，实现"兴一个市场，带一批产业，活一方经济，富一方农民"。2011年，国务院办公厅印发《关于加强鲜活农产品流通体系建设的意见》，提出要创新农产品流通模式和业态，以连锁、直营、集团配送和电子商务为重点，发展新型流通业态，支持有条件的农产品生产商设立专卖店或专售区，并举办多形式、多层次的农产品展销会。2015年，商务部办公厅印发《2015年电子商务工作要点》，强调要重点推进电子商务进农村综合示范，支持农产品生产经营主体建立网络销售平台，并培育发展大型、知名的农产品电子商务平台，推动农产品电子商务有序发展。农产品流通服务组织的建立、农产品流通基础设施的完善以及农产品流通平台的设立，为农产品流通提供了广阔的交易空间和交易范围，有助于完善农产品市场布局和农产品流通网络，节约农产品交易成本，促进农民增收。

2.2　林业社会化服务供给体系构成及其功能特征

2.2.1　林业技术推广体系构成及其功能

林业技术推广体系是指林业技术推广的各级组织形式和运行模式以及它们之间的相互联系。根据技术供给主体不同，我国现行的林业技术推广服务可以分为政府主导、社会化组织、市场化组织和科研院校组织四种类型。

（1）政府主导型。是由政府部门直属的提供技术指导的服务组织构成，包括县林业技术推广站（中心）和乡（镇）林业工作站，依托分布于基层的县-乡两级林业技术推广网络组织，将新科技成果、技术传递给广大农户。政府林业技术推广机构作为林业技术推广的主导力量，负责组织、管理和实施该地区林业技术推广工作。

（2）社会化组织型。是由民间自主成立的各类林业合作组织构成，包括林业专业合作社、林业技术协会，通过"院地对接""社校对接"（黄建新，2014），依托合作社平台，协助农户解决生产经营过程中的技术难题，并向农户推广相应的新技术、新品种。林业合作社作为联结科研机构与农户的桥梁，有效满足农户的技术需求，是我国林业技术推广的重要力量。

（3）市场化组织型。是由具有自主研发能力的以盈利为目的的市场经济组织构成，主要包括林业企业、涉林企业，利用自身在资本、人才、技术等方面的优势，通过良种、肥料、农药等农资产品的供给，向农户提供个性化、定制化的配套服务（周曙东 等，2003）。私人企业直接与农户对接，为农户提供优质的推广服务，是我国林业技术推广的中坚力量。

（4）科研院校组织型。是由承担农林业科学研究工作的事业单位构成，主要包括林业科学院、农林高校，依托分布于基层的试验站，并联合当地林业技术推广站，通过科技培训和科技示范入户的方式（刘典，2018），因地制宜地向农户传播其所需的技术。科研院校深入生产一线，建立试验站、示范基地，初步形成产学研结合的科技服务平台，是我国林业技术推广不可或缺的组成部分。

2.2.2　林区金融服务体系构成及功能

林区金融服务体系是指为林业发展提供资金的农村金融组织机构、金融工具构成的统一整体。按照金融服务组织的性质，我国现行的林区金融可以分为正规金融和非正规金融两种类型。

正规金融是由经过中国人民银行（证监会）等金融监管机构批准设立的金融机构构成，主要包括农发行、农业银行、农村信用社、邮政储蓄，其中农发行是政策性银行，主要向企业、事业单位发放专项贷款，重点支持国土绿化、储备林基地建设、林业生态保护与修复、退耕还林还草等生态工程建设，贷款期限长，可达 15～20 年，利率低于商业银行贷款利率；农业银行、农村信用社和邮政储蓄是商业性银行，面向广大农户、林企职工开展林业小额贷款，贷款期限较短，期限大多在 1 年以内。在开展林业小额贷款时，政府有两项扶持政策：一是对于农户用于林业资源开发与保护的贷款给予贴息补贴；二是建立林权收储中心降低信贷机构贷款风险。

非正规金融是与正规金融相对应的，也称民间金融，即没有纳入中国人民银行监管范围的金融机构，主要有资金互助合作社、互助基金会。资金互助合作社、互助基金会是在农民自愿基础上、依托农民专业合作社设立的自助性金融组织，不以营利为目的，主要为互助组内成员生产经营提供低息或无息资金贷款，以支持该地区主导产业发展。

2.2.3 林业信息服务体系构成及功能

林业信息服务体系是指通过开展林业信息采集、加工、生产、处理、存储、分析及发布（胡玉福，2013），为林业生产经营全过程提供林业信息服务与咨询，集合人力、财力、技术等多要素，并按照一定机制运作所组成的统一整体。根据整体中组成部分划分，我国现行的林业信息服务体系可以分为信息资源支撑体系、信息传输平台。

信息资源支撑体系由林业资源交易系统、12316 信息服务系统构成，采用现代化的传输手段，实现林木、林地交易市场信息以及林业科技知识的数字化、信息化，为林业信息的传输奠定了基础。

信息传输平台由电话声讯传输平台、短信传输平台和农业网络传输平台构成，借助现代化的通信技术、计算机互联网络技术，为广大农户提供多样化形式的林业信息服务。其中，农业网络传输平台，主要是益农服务网，以农林业科技知识为信息资源支撑，重点推出农林业政策法规、农资产品供给、农林产品销售、种养殖技术等信息服务模块，为农户实时动态地提供农林业生产产前、产中、产后等过程中的科技知识和市场资讯。

2.3　林业社会化服务供给的效率分析：以林业技术推广为例

2.3.1　分析模型选择

数据包络分析（data envelopment analysis，DEA）和随机前沿分析（SFA）是常用的两种对决策单元（DMU）的技术效率进行测算的方法，但二者在对决策单元进行测评时均未考虑外部环境变量的影响。事实上，外界环境会对一项生产活动的绩效产生影响。鉴于此，2002 年，Fried 等对传统 DEA 模型进行改进，将随机前沿模型和传统 DEA 模型相结合，有效解决了传统 DEA 模型无法将环境变量和随机误差因素剥离的问题，以更真实反映决策单元内部经营管理水平。因此，本文选取该方法对我国林业推广的技术效率进行测算。该模型主要包括以下 3 个阶段：

第一阶段，采用传统 DEA 模型得到各决策单元初始效率值和投入（或产出）松弛值。

第二阶段，采用 SFA 方法分解第一阶段各项投入（产出）松弛变量，从而将投入（产出）松弛变量分解为环境因素、管理非效率因素和随机因素。模型一般形式如下：

$$S_{ik} = f^i(z_k; \beta_i) + \nu_{ik} + \mu_{ik} \tag{2-1}$$

其中，S_{ik} 表示第 K 个 DMU 第 i 个投入变量的松弛变量；$f(z_k; \beta_i)$ 表示环境变量对松弛变量的影响，$z_k = (z_{1k}, z_{2k}, \cdots, z_{pk})$ 表示 p 个环境变量的集合，$v_{ik} + u_{ik}$ 为组合误差项，$v_{ik} \sim N(0, \sigma_2 v_i)$，为随机误差项，$u_{ik}$ 是管理无效项。

根据式（2-1）计算得到的回归结果，将所有 DMU 调整到相同环境下，剔除环境因素和随机因素的影响，得到最终实际投入值。公式如下：

$$\dot{x}_{ik} = x_{ik} + [\max_k(z_k\beta) - z_k\beta] + [\max_k(v_{ik}) - v_{ik}] \tag{2-2}$$

其中，$\dot{x}_{ik}$ 表示调整后的投入值，x_{ik} 表示原始投入值，$\max(z_k\beta) - z_k\beta$ 表示将所有 DMU 调整至相同外部环境条件，$\max(v_{ik}) - v_{ik}$ 表示将所有 DMU 调整至相同的随机误差条件。

第三阶段，将调整后的投入值与原始产出值通过运用 DEA 方法再次测算林业推广效率值，可以去除环境因素和随机因素影响，从而反映林业技术推广机构技术推广效率的真实水平。

2.3.2 数据来源与变量选取说明

研究所用数据主要来源于《中国林业统计年鉴》（2013—2017 年）和《中国统计年鉴》（2013—2017 年）以及各省（区）政府机构公布的财政决算文件。由于 2012 年及以前数据库中未统计培训林农次数，而最新的数据只统计到 2017 年，因此选择 2013—2017 年为研究时间段。由于数据缺失，选取我国 26 个省（区、市）（除香港、澳门、台湾、山东、海南、西藏、宁夏、新疆）作为样本地区，分析我国林业技术推广效率及其时空演变规律。相关指标体系选取 3 个产出变量、2 个投入变量和 2 个环境变量。变量选取具体说明如下（表 2-1）：

表 2-1 我国林业技术推广效率量化评价指标体系

目标层	准则层	指标层	单位	性质	最大值	最小值	标准差
林业技术推广效率	产出变量	农户参加林业技术培训人次	人次	正向	2 051 892	664	388 145
		推广面积	公顷	正向	327 010	90	36 694
		林业一产产值	万元	正向	16 911 492	170 141	3 731 935
	投入变量	林业技术推广经费	万元	正向	8 397	17	1 106
		林业技术推广人员	人	正向	3 404	37	721
	环境变量	森林虫害发生率	%	负向	19.24	0.87	4
		人均 GDP	元	正向	120 702	23 151	24 180

（1）产出变量选取。产出变量主要选取农户参加林业技术培训人次、本年推广面积和林业产值（一产）。具体而言，农户参加林业技术培训人次是林业技术推广机构普及林业技术的直观指标，林业技术培训人次越多，表明技术传递的范围越广，在农户群体中的普及率越高。本年推广面积和林业一产产值体现了林业技术应用范围及其应用的效果，是林业技术推广效率的间接产出指标，农户在接受政府林业技术推广机构相应的技术培训、指导和示范后，可将所学专业技术知识应用于林业生产实践中，提升林产品产出。

（2）投入变量选取。投入变量主要选取林业技术推广经费和林业技术推广人员数量 2 项指标。林业技术推广经费是林业科技交流和推广的物质保障，林业技术推广人员是技术传播和扩散的执行基础。

（3）环境变量选取。通过研究各省自然生态环境和宏观经济环境，本文主要选取森林虫害发生率和地区人均 GDP 2 项指标。森林虫害发生率反映了林木生长的自然环境，其对林业发展的影响表现在以下方面：一是恶劣的生物环境直接造成林木产品的损失；二是生物环境的好坏可以促使政府建立灾害预警机制和完善防御体系，以保障森林生态安全，保障林木产品供给。地区人均 GDP 反映了该区域经济发展水平和综合实力，对林业技术推广的支持力度、优化推广体系都发挥重要的作用。

2.3.3　实证结果

（1）第一阶段 DEA 实证结果。第一阶段 DEA 即使用 2013—2017 年我国 26 省（区、市）林业技术推广的原始投入与产出数据进行测度，运用 DEAP 2.1 软件，基于投入导向型的 VRS 模型，测算林业技术推广的综合技术效率（TE）、纯技术效率（PTE）和规模效率（SE）。具体测度结果见表 2-2。

表 2-2　2013—2017 年 26 省份林业技术推广第一阶段效率值

地区	效率	2013	2014	2015	2016	2017	均值
北京	TE	0.388	0.532	0.465	0.686	0.424	0.499
	PTE	0.434	0.674	0.590	0.790	0.661	0.630
	SE	0.893	0.790	0.788	0.869	0.641	0.796
天津	TE	0.275	0.166	0.642	1.000	0.379	0.492
	PTE	1.000	1.000	1.000	1.000	1.000	1.000
	SE	0.275	0.166	0.642	1.000	0.379	0.492
河北	TE	0.917	0.615	1.000	1.000	0.644	0.835
	PTE	0.975	1.000	1.000	1.000	1.000	0.995
	SE	0.940	0.615	1.000	1.000	0.644	0.840
山西	TE	0.317	0.219	0.317	0.378	0.299	0.306
	PTE	0.336	0.219	0.344	0.379	0.318	0.319
	SE	0.944	0.999	0.923	0.999	0.940	0.961
内蒙古	TE	1.000	0.584	1.000	0.631	1.000	0.843
	PTE	1.000	1.000	1.000	0.681	1.000	0.936
	SE	1.000	0.584	1.000	0.927	1.000	0.902
辽宁	TE	1.000	1.000	0.838	0.701	0.676	0.843
	PTE	1.000	1.000	0.881	0.701	0.681	0.853
	SE	1.000	1.000	0.952	1.000	0.992	0.989

（续）

地区	效率	2013	2014	2015	2016	2017	均值
吉林	TE	0.378	0.517	0.745	1.000	1.000	0.728
	PTE	0.736	0.769	1.000	1.000	1.000	0.901
	SE	0.514	0.673	0.745	1.000	1.000	0.786
黑龙江	TE	0.294	0.216	0.404	0.412	0.426	0.350
	PTE	0.299	0.217	0.430	0.417	0.427	0.358
	SE	0.985	0.997	0.938	0.988	0.997	0.981
上海	TE	0.098	0.042	0.185	0.268	0.075	0.134
	PTE	0.318	0.267	1.000	0.279	0.158	0.404
	SE	0.310	0.158	0.185	0.962	0.474	0.418
江苏	TE	1.000	1.000	1.000	1.000	0.906	0.981
	PTE	1.000	1.000	1.000	1.000	0.929	0.986
	SE	1.000	1.000	1.000	1.000	0.976	0.995
浙江	TE	0.740	0.793	0.689	0.807	0.870	0.780
	PTE	0.741	0.818	0.731	0.807	0.877	0.795
	SE	0.999	0.970	0.942	1.000	0.992	0.981
安徽	TE	0.498	0.744	0.567	0.655	0.839	0.661
	PTE	0.520	0.757	0.595	0.657	0.840	0.674
	SE	0.957	0.982	0.954	0.997	0.998	0.978
福建	TE	0.925	0.766	0.733	1.000	1.000	0.885
	PTE	1.000	1.000	0.747	1.000	1.000	0.949
	SE	0.925	0.766	0.981	1.000	1.000	0.934
江西	TE	0.527	0.402	0.651	0.907	1.000	0.697
	PTE	0.530	0.553	0.664	0.956	1.000	0.741
	SE	0.995	0.726	0.981	0.949	1.000	0.930
河南	TE	0.283	0.380	0.850	0.532	0.415	0.492
	PTE	0.395	0.455	0.912	0.532	0.417	0.542
	SE	0.716	0.836	0.932	1.000	0.996	0.896
湖北	TE	0.340	0.252	0.452	0.502	0.372	0.384
	PTE	0.346	0.374	0.474	0.555	0.504	0.451
	SE	0.983	0.675	0.955	0.905	0.738	0.851

（续）

地区	效率	2013	2014	2015	2016	2017	均值
湖南	TE	0.583	0.435	0.652	1.000	1.000	0.734
	PTE	0.835	0.621	0.934	1.000	1.000	0.878
	SE	0.698	0.700	0.697	1.000	1.000	0.819
广东	TE	0.405	0.411	0.441	0.586	0.630	0.495
	PTE	0.409	0.412	0.478	0.588	0.635	0.504
	SE	0.991	0.999	0.924	0.996	0.992	0.980
广西	TE	0.946	0.697	1.000	1.000	1.000	0.929
	PTE	1.000	1.000	1.000	1.000	1.000	1.000
	SE	0.946	0.697	1.000	1.000	1.000	0.929
重庆	TE	0.706	0.428	1.000	1.000	1.000	0.827
	PTE	0.775	0.453	1.000	1.000	1.000	0.846
	SE	0.912	0.945	1.000	1.000	1.000	0.971
四川	TE	0.722	0.712	1.000	1.000	1.000	0.887
	PTE	0.726	1.000	1.000	1.000	1.000	0.945
	SE	0.995	0.712	1.000	1.000	1.000	0.941
贵州	TE	1.000	1.000	0.656	0.830	1.000	0.897
	PTE	1.000	1.000	0.684	0.831	1.000	0.903
	SE	1.000	1.000	0.959	0.999	1.000	0.992
云南	TE	1.000	1.000	1.000	1.000	0.819	0.964
	PTE	1.000	1.000	1.000	1.000	1.000	1.000
	SE	1.000	1.000	1.000	1.000	0.819	0.964
陕西	TE	0.159	0.146	0.240	0.300	0.421	0.253
	PTE	0.163	0.174	0.247	0.300	0.422	0.261
	SE	0.975	0.841	0.973	1.000	0.998	0.957
甘肃	TE	0.339	0.636	0.338	0.455	0.400	0.434
	PTE	0.369	0.746	0.379	0.455	0.409	0.472
	SE	0.918	0.853	0.892	0.999	0.980	0.928
青海	TE	0.024	0.030	0.029	0.037	0.060	0.036
	PTE	0.451	0.414	0.336	0.205	0.174	0.316
	SE	0.053	0.073	0.087	0.183	0.346	0.148

（续）

地区	效率	2013	2014	2015	2016	2017	均值
南方地区	TE	0.678	0.620	0.716	0.825	0.822	0.732
	PTE	0.729	0.733	0.808	0.834	0.853	0.791
	SE	0.908	0.809	0.898	0.986	0.928	0.906
北方地区	TE	0.448	0.420	0.572	0.594	0.512	0.509
	PTE	0.597	0.639	0.677	0.622	0.626	0.632
	SE	0.768	0.702	0.823	0.914	0.826	0.807
全国	TE	0.572	0.528	0.650	0.719	0.679	0.630
	PTE	0.668	0.689	0.747	0.736	0.748	0.718
	SE	0.843	0.760	0.863	0.953	0.881	0.860

从时间上来看，2013—2017 年我国林业技术推广纯技术效率的均值呈先小幅上升后平缓波动变化态势，而规模效率的均值呈现出先下降后上升再下降的变化趋势，因此技术效率的均值整体上表现为围绕 0.65 的数值上下波动，如图 2-1 所示。观察可得，技术效率均值在 2016 年时达到最高，为 0.72，2014 年时最低为 0.53；而规模效率的最高值和最低值也在 2016 年和 2014 年，分别为 0.95 和 0.76。5 年间技术效率、纯技术效率和规模效率的均值分别为 0.630、0.718 和 0.860。此外，从图 2-1 中可以明显看出，规模效率均值曲线位于纯技术效率均值曲线上方，这一结果表明，总体上，我国林业技术推广的技术无效率主要源于纯技术效率无效，规模无效率的程度相对较轻。在近两年间，技术效率均值曲线和规模效率均值曲线呈现出较大程度的下降，而纯技术效率均值曲线稳中有升，说明近两年的技术效率波动主要是由规模效率下降所致。

从区域比较来看，我国南方地区林业推广的技术效率、规模效率、纯技术效率在 5 年间均高于北方地区，可见，南方地区林业推广水平普遍优于北方地区，南方地区林业科技推广服务范围更广、更深。

从区域分布来看，我国 26 个省级行政单元中没有省级单元在 5 年间均达到 DEA 有效；5 年间均达到弱 DEA 有效的有 3 个，分别是云南、广西、天津；吉林、福建、湖南均在 2016 年以后达到 DEA 有效，广西、重庆、四川均在 2015 年以后达到 DEA 有效，而北京、山西、黑龙江、上海、浙江、安徽、河南、湖北、广东、陕西、甘肃、青海则全部年份均为非 DEA 有效。根据 2013—2017 年的均值数据，各省份间林业技术推广的技术效率存在较大差异。其中，技术效率最高的为江苏，但均值未达到 1.00，仅为 0.98。青海的林业技术推广的技术效率均值最低，仅有 0.04，其次是上海，为 0.13。纯技术效率最高的是云南、广西和天津，均达到 1.00，纯技术效率最低的是陕西，仅为 0.26，规模效率最低的是青海，仅为 0.148。由此可见，我国林业技术推广的纯技术效率和规模效率仍存在较大的提升空间。具体如图 2-1、图 2-2 和图 2-3 所示。

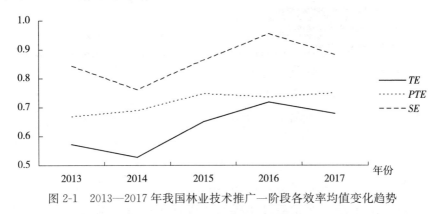

图 2-1 2013—2017 年我国林业技术推广一阶段各效率均值变化趋势

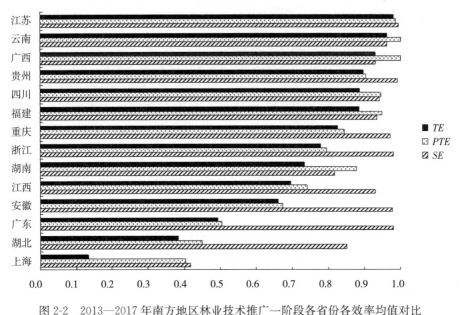

图 2-2 2013—2017 年南方地区林业技术推广一阶段各省份各效率均值对比

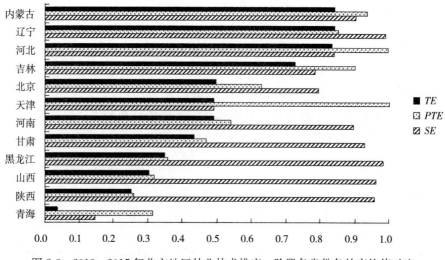

图 2-3　2013—2017 年北方地区林业技术推广一阶段各省份各效率均值对比

（2）第二阶段 SFA 回归结果。将第一阶段得到的决策单元中各投入变量的松弛变量作为被解释变量，将表 2-1 中的森林虫害发生率和人均 GDP 2 个环境变量作为解释变量，运用 Frontier 4.1 计算 SFA 回归结果，如表 2-3 所示，2 个环境变量对 2 个投入松弛变量的系数都通过了显著性检验，说明外部环境因素对我国林业技术推广投入冗余存在显著影响。具体来看，推广经费投入松弛变量和推广人员投入松弛变量的 γ 值分别是 0.729 2 和 0.917 3，均达到显著性水平，这表明林业技术推广受管理因素影响显著，同时，森林虫害发生率、人均 GDP 作为环境因素，对投入冗余的影响也较为显著，因此，有必要采用 SFA 模型对环境因素和随机因素进行剥离。

①森林虫害发生率。计算结果显示，该变量对推广经费投入冗余存在显著负向影响，鉴于森林虫害的强大破坏力，政府相关部门和林业技术推广机构十分重视森林虫害的防治，加强对森林管护治理的监管，改进资金配置方式，可以在一定程度上提高林业技术推广工作效率。

②人均 GDP。计算结果显示，该变量对推广人员投入冗余存在显著负向影响，说明地区经济发展水平可以有效改善林业技术推广环境和辅助性基础设施，提高技术推广人员的积极性，从而对提高林业技术推广效率产生正向影响。

表 2-3 2013—2017 年环境变量对 26 个省（区、市）林业
技术推广投入冗余变量回归结果

变量	推广经费投入松弛变量	推广人员投入松弛变量
常数项	1 298.635 8	1 554.395 8***
森林虫害发生率	−65.871 1**	−0.000 4
人均 GDP	0.026 8	−0.011 3***
σ^2	1 280 623.400 0	706 564.000 0
γ	0.729 2***	0.917 3***
Log likelihood	−1 039.867 9	−965.835 8
LR	50.720 0	73.566 0

（3）第三阶段投入调整后的 DEA 实证结果与分析。在第三阶段 DEA 效率测度中，运用 DEAP2.1 软件，利用调整后的投入数据与原始产出数据，重新计算我国 26 个省（区、市）的综合技术效率、纯技术效率和规模效率，具体结果见表 2-4。可以看出，在剔除环境因素和随机因素后，第三阶段林业推广纯技术效率（PTE）各年的均值无一年例外均高于第一阶段的数值，而规模效率（SE）各年的均值无一年例外低于第一阶段的数值，技术效率 TE 的数值和第一阶段相比各年有升有降，说明初始纯技术效率值被低估，初始规模效率值被高估，致使初始技术效率值的估计出现不同程度的偏误。

表 2-4 2013—2017 年 26 个省（区、市）林业技术推广第三阶段效率值

地区	效率	2013	2014	2015	2016	2017	均值
北京	TE	0.215	0.162	0.064	0.115	0.057	0.123
	PTE	0.910	0.777	0.520	0.485	0.353	0.609
	SE	0.236	0.209	0.124	0.236	0.162	0.193
天津	TE	0.026	0.029	0.057	0.277	0.044	0.087
	PTE	0.934	1.000	0.978	1.000	1.000	0.982
	SE	0.028	0.029	0.058	0.277	0.044	0.087
河北	TE	0.908	1.000	1.000	1.000	0.964	0.974
	PTE	0.916	1.000	1.000	1.000	1.000	0.983
	SE	0.991	1.000	1.000	1.000	0.964	0.991
山西	TE	0.370	0.330	0.337	0.372	0.349	0.352
	PTE	0.721	0.668	0.811	0.745	0.709	0.731
	SE	0.513	0.494	0.415	0.499	0.492	0.483

（续）

地区	效率	2013	2014	2015	2016	2017	均值
内蒙古	TE	1.000	1.000	1.000	0.630	1.000	0.926
	PTE	1.000	1.000	1.000	0.901	1.000	0.980
	SE	1.000	1.000	1.000	0.699	1.000	0.940
辽宁	TE	1.000	0.988	0.733	0.551	0.485	0.751
	PTE	1.000	1.000	0.885	0.808	0.850	0.909
	SE	1.000	0.988	0.829	0.682	0.571	0.814
吉林	TE	0.416	0.436	0.410	0.459	0.414	0.427
	PTE	0.863	0.921	1.000	0.952	1.000	0.947
	SE	0.482	0.473	0.410	0.482	0.414	0.452
黑龙江	TE	0.410	0.340	0.405	0.426	0.426	0.401
	PTE	0.611	0.557	0.858	0.661	0.723	0.682
	SE	0.671	0.611	0.472	0.644	0.589	0.597
上海	TE	0.053	0.093	0.156	0.226	0.068	0.119
	PTE	1.000	1.000	1.000	0.753	1.000	0.951
	SE	0.053	0.093	0.156	0.301	0.068	0.134
江苏	TE	1.000	1.000	1.000	1.000	1.000	1.000
	PTE	1.000	1.000	1.000	1.000	1.000	1.000
	SE	1.000	1.000	1.000	1.000	1.000	1.000
浙江	TE	0.852	0.948	0.855	0.914	0.903	0.894
	PTE	0.939	1.000	0.963	0.994	0.971	0.973
	SE	0.908	0.948	0.889	0.919	0.930	0.919
安徽	TE	0.607	0.747	0.630	0.617	0.775	0.675
	PTE	0.740	0.800	0.731	0.708	0.789	0.754
	SE	0.821	0.934	0.861	0.872	0.982	0.894
福建	TE	0.866	0.757	0.576	0.727	0.614	0.708
	PTE	0.923	0.870	0.876	0.974	0.858	0.900
	SE	0.938	0.869	0.658	0.746	0.715	0.785
江西	TE	0.662	0.689	0.746	0.990	1.000	0.817
	PTE	0.752	0.759	0.841	0.999	1.000	0.870
	SE	0.880	0.908	0.887	0.991	1.000	0.933

（续）

地区	效率	2013	2014	2015	2016	2017	均值
河南	TE	0.412	0.559	0.619	0.592	0.525	0.541
	PTE	0.536	0.590	0.709	0.667	0.607	0.622
	SE	0.768	0.947	0.872	0.887	0.866	0.868
湖北	TE	0.479	0.561	0.543	0.634	0.622	0.568
	PTE	0.576	0.596	0.601	0.642	0.655	0.614
	SE	0.831	0.942	0.903	0.988	0.950	0.923
湖南	TE	0.813	0.684	0.820	1.000	0.991	0.862
	PTE	0.869	0.768	0.971	1.000	1.000	0.922
	SE	0.936	0.891	0.845	1.000	0.991	0.933
广东	TE	0.577	0.590	0.591	0.681	0.724	0.633
	PTE	0.701	0.688	0.733	0.775	0.868	0.753
	SE	0.824	0.858	0.807	0.879	0.834	0.840
广西	TE	1.000	1.000	1.000	1.000	1.000	1.000
	PTE	1.000	1.000	1.000	1.000	1.000	1.000
	SE	1.000	1.000	1.000	1.000	1.000	1.000
重庆	TE	0.401	0.416	0.750	0.864	0.551	0.596
	PTE	0.968	0.844	1.000	1.000	0.707	0.904
	SE	0.415	0.493	0.750	0.864	0.778	0.660
四川	TE	0.831	0.919	0.997	1.000	1.000	0.949
	PTE	0.872	1.000	1.000	1.000	1.000	0.974
	SE	0.952	0.919	0.997	1.000	1.000	0.974
贵州	TE	1.000	1.000	0.772	0.761	1.000	0.907
	PTE	1.000	1.000	1.000	1.000	1.000	1.000
	SE	1.000	1.000	0.772	0.761	1.000	0.907
云南	TE	1.000	1.000	1.000	1.000	1.000	1.000
	PTE	1.000	1.000	1.000	1.000	1.000	1.000
	SE	1.000	1.000	1.000	1.000	1.000	1.000
陕西	TE	0.356	0.415	0.562	0.586	0.773	0.538
	PTE	0.500	0.426	0.586	0.618	0.815	0.589
	SE	0.713	0.974	0.959	0.948	0.949	0.909

（续）

地区	效率	2013	2014	2015	2016	2017	均值
甘肃	TE	0.349	0.526	0.507	0.595	0.522	0.500
	PTE	0.605	0.667	0.589	0.636	0.642	0.628
	SE	0.578	0.789	0.862	0.934	0.812	0.795
青海	TE	0.033	0.039	0.034	0.035	0.039	0.036
	PTE	0.643	0.675	0.528	0.483	0.844	0.635
	SE	0.051	0.058	0.064	0.072	0.046	0.058
南方地区	TE	0.724	0.743	0.745	0.815	0.803	0.766
	PTE	0.881	0.880	0.908	0.918	0.918	0.901
	SE	0.826	0.847	0.823	0.880	0.875	0.850
北方地区	TE	0.458	0.485	0.477	0.470	0.467	0.471
	PTE	0.770	0.773	0.789	0.746	0.795	0.775
	SE	0.586	0.631	0.589	0.613	0.576	0.599
全国	TE	0.601	0.624	0.622	0.656	0.648	0.630
	PTE	0.830	0.831	0.853	0.839	0.861	0.843
	SE	0.715	0.747	0.715	0.757	0.737	0.734

从时间上来看，根据第三阶段测算的结果，2013—2017 年我国林业技术推广的技术效率、纯技术效率和规模效率的均值波动平缓，如图 2-4 所示。其中，技术效率和规模效率的均值在 2016 年时最高，分别为 0.656 和 0.757，2013 年时均值最低，分别为 0.601 和 0.715，5 年间的均值分别为 0.630 和 0.734，技术效率与第一阶段的测算结果无差异，规模效率比第一阶段测算结果下降了 14.63%；纯技术效率的均值在 2017 年时达到最高为 0.861，2013 年时最低为 0.830，5 年间均值为 0.843，与第一阶段测算结果相比增长了 17.45%。此外，与第一阶段恰好相反的是，2013—2017 年第三阶段中纯技术效率均值曲线要高于规模效率均值曲线，但均低于 0.9 的效率值，说明总体上我国林业推广技术效率缺失是规模无效和纯技术无效共同作用的结果，但纯技术无效率的作用程度相对较弱。这一结论表明，我国林业推广效率的制约因素来自两个方面：一是伴随集体林权改革而来的林地细碎化与分散经营，增加了林业技术大面积推广难度；二是基层推广人员队伍老龄化、推广机制不畅，推广人员服务农户的积极性不高。

图 2-4　2013—2017 年我国林业技术推广三阶段各效率均值变化趋势

从区域差异来看，根据第三阶段测算结果，2013—2017 年间，南方地区与北方地区林业推广技术效率差距扩大了，说明我国南北地区环境条件差异显著，南北地区林业推广服务水平差距被低估。

从区域分布来看，根据三阶段的测算结果，我国 26 个省级单元中 5 年间均达到 DEA 有效的仅有江苏、广西、云南，均达到弱 DEA 有效的仅有贵州，其余省份则部分或全部年份均为非 DEA 有效。这一结论与第一阶段的测算结果相比有较大差异。其中，DEA 有效的省份从无增加为江苏、广西、云南 3 省份，云南、广西、天津退出弱 DEA 有效区域，贵州进入弱 DEA 有效区域，技术效率均值最低的仍然为青海，且效率值均为 0.036，其次是天津为 0.087。纯技术效率均值最低的也仍然为陕西，但这一数值由 0.261 变为 0.589。规模效率最低的同样是青海，但这一数值由 0.148 变为 0.058。具体来看，福建、重庆、上海、辽宁、吉林、北京、天津与第一阶段相比均有所下降，其中天津下降的幅度最大，减少了 82.32%。相对而言，北京、天津、上海、吉林、辽宁下降的原因主要是规模效率的减少，而福建、重庆技术效率的下降则是纯技术效率和规模效率共同变化的结果；云南、广西、江苏、贵州、四川、浙江、湖南、江西、安徽、广东、湖北、河北、内蒙古、河南、陕西、甘肃、黑龙江、山西技术效率值与第一阶段相比则有小幅度上涨，其中陕西的上升幅度最大，由 0.253 升至 0.538，增长了 112.65%，主要是由于纯技术效率的极大提升导致的，其次是湖北，涨幅为 48.02%，其变化则是源于纯技术效率和规模效率的共同增加，具体如图 2-5 和图 2-6 所示。从这一结果中可以看出，我国林业技术推广效率还有待提升，尤其是北方地区各省份间技术推广差异较大，且部分省份呈现出不同程度的规模效率偏低。

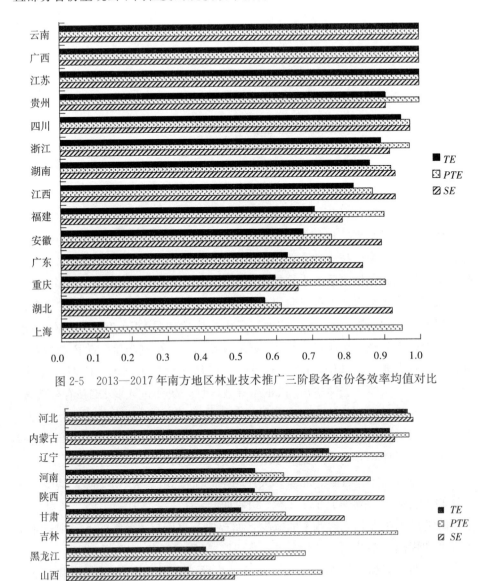

图 2-5 2013—2017 年南方地区林业技术推广三阶段各省份各效率均值对比

图 2-6 2013—2017 年北方地区林业技术推广三阶段各省份各效率均值对比

若分别以 2012—2017 年各省份林业技术推广纯技术效率和规模效率均值为横纵轴绘制一幅空间散点图（图 2-7）。若以 0.9 的效率值为临界点，可以从图 2-7 中看出，湖南、浙江、四川、贵州、内蒙古和河北这 6 个省份的纯技术效率和规模效率均值均在 0.9 以上，其林业推广效率所需的提升空间相对较少；广东、安徽、福建、江西和辽宁 5 省份的纯技术效率和规模效率水平相对均衡，差距较小；上海、重庆、天津和吉林的纯技术效率均值较高，但规模效率均值偏低，说明其进一步改进的重点是调整林地经营规模，增加林地经营的集中度；而北京、山西、青海、黑龙江的纯技术效率均值和规模效率均值均偏低，都存在一定的提升空间，因此，在后续的林业推广工作中，不仅要注重提高林地适度规模集中经营程度，还要加强政府推广部门的管理，提升政府主导林业推广服务水平。

综合来看，在剔除环境因素影响后，我国林业推广技术效率第一阶段和第三阶段的测算结果存在显著差异，说明使用 SFA 模型对环境因素进行剥离是十分合理和必要的。

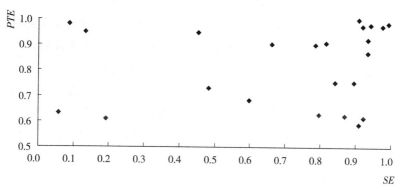

图 2-7 2013—2017 年各省级单元林业推广纯技术效率均值和规模效率均值散点图

2.4 林业社会化服务供给对不同贫困程度农户林地投入产出水平的影响

2.4.1 研究意义

在农村劳动力大量转移的背景下，劳动力弱质化及结构性短缺问题给农业生产造成极大的压力（潘经韬，2018），林业作为一项林地资源和农村劳动力密集型的传统产业，在强化农户小规模化分散经营为特征的集体林权制度改革之后，农户家庭林地经营所承受的压力尤为显著。有研究发现，设有劳动力转移的农户林地投入和产出分别是有劳动力转移的农户家庭的 1.83 倍和 1.80 倍（廖文梅，2015），劳动力转移对农户林地投入产出水平和农户林业经营收入造成了负面影响，进而加剧了林区贫困人口依靠林地经营摆脱贫困的难度，影响了林业生产性扶贫政策的有效实施。采取有效措施缓解和消除劳动力转移对林业生产带来的负面影响，是当前提高林地综合产出能力与林农林地经营收入水平以及缓解林区和山区贫困问题的迫切需要。组织结构和技术模式创新是缓解和消除农户林地分散经营"规模不经济"的重要途径，消除农村劳动力转移对林地经营带来的负面影响可以通过林地规模化经营和扩大购买林业社会化服务两条基本途径（孙少岩，2018）。通过林地流转实现林地规模经营进而提升林地要素产出效率和提高农户林业经营收入水平与缓解林区人口的贫困状态，一直是政界和学界的共同努力方向。然而，实践证明，我国集体林地流转率较低，截至 2015 年全国参与林地流转的农户仅为 7.15％（刘璨，2015），实际比例或更低。无论是现在还是将来，农户林地小规模分散经营是我国集体林地经营长期存在的模式。林地流转不畅和林地小规模家庭经营的现实情况，决定了我国不可能通过林地规模化经营的组织结构变革的单一途径实现林地经营效率的有效提升（孔祥智，2018），林地规模化经营也难以成为破解农户林地投入产出水平低下与贫困农户林业经营收入增长缓慢的主要途径（孔凡斌，2013）。为此，人们将关注点逐渐聚焦于林业社会化服务在提高农户林地经营水平和农户林业收入水平的长期作用，寄希望通过扩大林业社会化服务的供给和激发农户林业社会化服务的需求这一迂回方式提高农户林地投入产出水平及林地经营效率，带动农户林业经营收入的长期增长，进而实现林业生产性扶贫的政策目标。在政策层面，2018 年中共中央 1 号文件提出"推进农业生产全程社会化服务，帮助小农户节本增效"的明确要求。林业社会化服务作为农业社会化服务的重要组成部分，在当前农户尤其是贫困农户林业生产经营中是否发挥其应有的作用？林业社会化服务是否增强了贫困农户经营林业的积极性以及是否提高了贫困农户林地投入和产出水平？这是个值得深入探讨的理论和政策问题。为此，厘清林业社会化服务供给对不同贫困程度农户林地投入和产出水平的具体影响，并据此探索差异化的林业生产服务支持林业生产性扶贫的政策措施，对于健全和完善基于扶贫的林业社会化服务体系，具有重要的理论和实践指导价值。

2.4.2　研究进展

农户林地投入和产出水平是衡量改革政策实施效果的评价指标之一。农户林业生产投入是林区持续发展的前提，林业经营产出是山区和林区农户收入的主要来源之一。因此，林业投入和产出一直是农户行为研究的热点。从根源上来说，农户林地投入行为受产权改革的影响（何文剑，2014），没有安全、稳定和长期的产权保障，农户不愿意进行林业长期投资（朱文清，2019），同时，采伐指标的获取难度、林地经营面积也会影响农户的林业生产投入，严格的采伐限额会增强农户造林投资的顾虑和风险，挫伤其造林投资的积极性，阻碍农户造林投入行为（夏春萍，2012），林地面积大有助于提升农户林业经营的专业化程度，有力地促进了农户林地投入行为（于艳丽，2017）。林权配套改革后，林业社会化服务引起学者们的广泛关注，很多研究主要关注农户林业社会化服务的需求及其影响因素，比如农户对林业社会化服务的需求主要发生在生产和销售两个环节，是否加入林业合作社、是否有相应服务供给等服务诱导因素显著影响农户林业社会化服务需求（廖文梅，2016）。也有少量研究关注林业社会化服务供给问题，林业社会化服务供给普遍存在"重产前、产中、轻产后服务，重生产技术、轻金融保险服务"的现象（宋璇，2017），且林业科技服务种类有限，未能满足农户多样化的需求（胡兴华，2013）。对于林业社会化服务对农户林地投入和产出的影响也有一些重要发现，例如，技术服务能够促进农户对农业生产要素的理性投入，并改善劳动力投入的质量，从而提高劳动生产率（展进涛，2013），乡镇林业站提供的林业技术相对滞后，致使农户所需的林木种植、抚育等专业技术匮乏，对农户林地投入造成负面影响（张俊清，2008），另外，有无中介服务和投资融资服务也会影响农户投资林业的积极性（袁榕，2012）。

综上所述，国内对林业社会化服务以及农户林地投入产出方面的研究已取得了一定成果，但是，到目前为止，林业社会化服务与农户林地投入产出水平之间关系及其学术机理研究的文献还十分罕见，基于扶贫目标的不同贫困程度农户林地投入行为及其产出水平差异性研究尚处于起步阶段，尤其是关于林业社会化服务对贫困农户林业生产行为及其效应的影响研究成果尚属空白。

2.4.3　计量模型选择与实证数据

（1）计量模型的设定。重点考察林业社会化服务供给对不同贫困程度农户林地投入和产出增长水平的影响；此外，考虑到影响农户林地投入和产出水平因素的多样性，本文将其他可能的影响因素纳入并作为影响变量（自变量），即林地经营特征因素（包括林地面积、获得采伐指标困难程度、是否参加林地保险）、家庭及户主特征因素（包括家庭劳动力数量、长期外出劳动力比例、家庭收入结构、户主年龄、户主受教育程度）等。为了克服农户林地经营"投入—产出"之间存在的时间滞后性问题，只分析影响因素与林地投入和产出水平之间的关系，为此构建以下定量分析模型。

农户林地投入水平的影响模型：

$$YI_i = \alpha_{0i} + \alpha_{1i}S_i + \alpha_{2i}M_i + \alpha_{3i}DG_i + \varepsilon_i \qquad (2\text{-}3)$$

农户林地产出水平的影响模型：

$$YT_i = \beta_{0i} + \beta_{1i}S_i + \beta_{2i}M_i + \beta_{3i}DG_i + \mu_i \qquad (2\text{-}4)$$

式中，i 代表第 i 个农户；YI_i 和 YT_i 分别表示第 i 个农户单位面积林地投入和产出水平；S_i、M_i 和 DG_i 表示第 i 个农户所在地林业社会化服务供给、林地经营特征和家庭及户主特征等 3 大类变量；ε_i、μ_i 和 η_i 为随机误差项。

（2）变量说明。根据（2-3）式、（2-4）式，因变量包括两个：一是林业生产经营投入水平，即农户对单位面积用材林林地的投入，包括物料投入、劳动力投入和资金投入；二是林业生产经营产出水平，即农户从单位面积用材林地获得的收益，包括木材收入、竹材收入和竹笋收入。农户林地投入产出水平数据是 2014—2016 年 3 年以来被调查农户单位面积林地投入和收益的年平均值。

自变量有三类：一是林业社会化服务，具体包括林木栽培技术服务、产品市场信息服务、融资服务、病虫害及火灾预防服务等。二是林地经营特征，具体包括经营林地面积、获得采伐指标困难程度、是否参加林地保险，在一定范围内，随着经营林地面积的增加，当林地面积过大超过农户的经营管护能力时，农户会采取粗放式经营模式，导致单位林地投入水平和产出水平降低；林木产品的采伐是农户获取林业经济收益的直接体现，采伐指标获取难度大不仅直接影响林业产出，还间接抑制农户投资林业的积极性；林业经营存在较高的自然风险和社会风险，参加林地保险可以在一定程度上保障农户林业收益，减少农户的损失，提升农户经营林业的动力。三是家庭及户主特征，具体包括家庭劳动力数量、长期外出劳动力比例、家庭收入结构、户主年龄、户主受教育程度，家庭劳动力数量及其外出情况反映了农户拥有的人力资源及其对该资源的配置，劳动力作为林业生产经营的主要要素，实际在家劳动力既直接影响对林地的投入决策行为，还影响林地经营的产出。不同家庭收入来源下，农户对林地的依赖程度差异较大，因此，其林地经营行为也呈现出差异。本文研究所用自变量指标体系见表2-5。

表 2-5　模型自变量界定

类别	变量	变量说明
林业社会化服务变量	林木栽培技术服务	有技术服务＝1，无技术服务＝0
	产品市场信息服务	有市场信息服务＝1，无市场信息服务＝0
	融资服务	有融资服务＝1，无融资服务＝0
	病虫害及火灾预防服务	有病虫害防治服务＝1，无病虫害防治服务＝0
林地经营特征变量	林地面积	农户经营林地面积
	获得采伐指标困难程度	获得采伐指标容易＝1，获得采伐指标有点困难＝2，获得采伐指标很困难＝3
	是否参加林地保险	参加林地保险＝1，未参加林地保险＝0
家庭及户主特征	家庭劳动力数量	劳动力指年龄介于16～65岁的人
	长期外出劳动力比例	长期外出劳动力指外出时间不低于6个月的劳动力
	家庭收入结构	非农收入型＝1，多元收入型＝2，林业收入型＝3
	户主年龄	0～29岁＝1，30～39岁＝2，40～49岁＝3，50～59岁＝4，60岁以上＝5
	户主受教育程度	小学及以下＝1，初中＝2，高中＝3，大专及以上＝4

注：借鉴陈卓等（2014）对农户类型的划分方法（陈卓，2014），本文采取两步聚类法将农户收入来源划分为3类，第一类中非农收入占比均值最高，称为"非农收入型"，第二类中农业收入占比、畜牧水产收入占比、非农收入占比均值最高，称为"多元收入型"，第三类中林业收入占比均值最高，称为"林业收入型"。

（3）数据来源及样本描述。数据来源于对江西省吉安、赣州、宜春、抚州、鹰潭和上饶6个地区（市）农村用材林经营户调查。调查采取分层抽样方法，每个地区抽取2个县，每个县抽取2个乡镇，每个乡镇抽取2个村，每个村抽取15户农户，共发放问卷720份，剔除不完整问卷，收回的有效问卷700份。700份样本农户基本数据特征见表2-6。根据本研究不同贫困程度农户分类标准，700份样本农户中：非贫困农户286户，占比40.86%，一般贫困农户205户，占比29.29%，重度贫困农户209户，占比29.85%。2014—2016年，非贫困农户户均单位面积林地投入和产出水平分别为186.94元和418.08元；一般贫困农户户均单位面积林地投入和产出水平分别为150.59元和 310.67 元；重度贫困农户户均单位面积林地投入和产出水平分别为 113.00 元和 240.69 元。从林地经营特征看，非贫困农户林地经营面积，非贫困农户获得采伐指标的困难程度最低，重度贫困程度农户获得采伐指标的困难程度最高，一般贫困农户参加林地保险的比例最低，重度贫困农户参加林地保险的比例最高。从家庭及户主特征看，重度贫困农户家庭劳动力数量最少，一般贫困农户家庭劳动力外出的比例最高，三类农户家庭户主年龄均较大，文化程度均不高。

表 2-6 不同贫困程度农户描述性分析

农户贫困程度	非贫困		一般贫困		重度贫困	
	均值	标准差	均值	标准差	均值	标准差
亩均林地投入［元/（年·户）］	186.94	238.00	150.59	186.17	113.00	160.73
亩均林地产出［元/（年·户）］	418.08	629.32	310.67	430.90	240.69	379.29
林地面积（亩*）	51.29	60.77	42.73	55.90	47.72	58.17
获得采伐指标难易程度	2.09	0.80	2.13	0.86	2.18	0.81
是否参加林地保险	0.08	0.27	0.05	0.23	0.11	0.31
家庭劳动力数量	3.35	1.14	3.32	1.13	3.03	1.36
长期外出劳动力比例（%）	15.51	0.22	19.93	0.26	17.03	0.30
家庭收入结构	1.59	0.88	1.43	0.78	1.61	0.84
户主年龄	4.11	0.82	4.33	0.75	4.18	0.88
户主受教育程度	1.62	0.69	1.49	0.64	1.50	0.64

注：贫困程度具体用尹海杰等（2009）提出的修正的恩格尔系数来衡量（尹海洁，2008），借鉴联合国粮农组织提出的划分贫困的标准，将 50% 和 60% 作为一般贫困和重度贫困的分割点。

2.4.4 模型估计与结果分析

（1）模型估计结果。运用 Stata 12.0 统计软件分别对不同贫困程度农户林地投入和林地产出的影响因素进行估计，将 286 户样本农户数据代入式（2-1）和式（2-2）进行回归，定量分析社会化服务因素、林地经营特征和家庭及户主特征等因素对非贫困农户林地投入和产出的影响，计算结果如表 2-7 中的模型（1）和模型（2）所示。将 205 户样本农户数据代入式（2-1）和式（2-2）进行回归分析，结果如表 2-7 中的模型（4）和模型（5）所示。将 209 户样本

---

* 亩为非法定计量单位，1 亩＝1/15 公顷。

农户数据代入式（2-3）和式（2-4）进行回归分析，结果如表 2-7 的模型（7）和模型（8）所示。

表 2-7 模型估计结果

变量	非贫困农户		一般贫困农户		重度贫困农户	
	模型（1）因变量：林地投入	模型（2）因变量：林地产出	模型（4）因变量：林地投入	模型（5）因变量：林地产出	模型（7）因变量：林地投入	模型（8）因变量：林地产出
林业社会化服务						
林木栽培技术服务	−0.073	0.055	0.436**	0.300	0.006	−0.162
产品市场信息服务	0.162	0.146	0.146	0.077	0.125	0.332
融资服务	0.517***	0.364**	0.066	0.274	0.771***	0.487**
病虫害及火灾预防服务	−0.300*	−0.288*	−0.357*	−0.220	−0.162	−0.067
林地经营特征						
林地面积	−0.724***	−0.736***	−0.738***	−0.686***	−0.715***	−0.771***
获得采伐指标是否容易	−0.011	0.123	0.090	0.043	0.022	−0.091
是否参加林地保险	0.027	0.148	−0.042	0.133	0.716**	0.535
家庭及户主特征						
家庭劳动力数	0.192***	0.148***	0.072	0.087	0.028	0.021
长期外出劳动力比重	−0.428	−0.193	−0.156	−0.317	−0.043	−0.025
家庭收入结构=2	0.309	−0.190	−0.484**	−0.292	0.099	−0.133
家庭收入结构=3	1.069***	1.257***	1.267***	1.204***	1.440***	1.441***
户主年龄	0.227**	0.214**	0.146	0.077	−0.082	−0.089
户主受教育程度	0.208**	0.145	0.010	−0.011	0.037	0.015
常数项	4.519***	5.191***	5.059***	5.951***	5.530***	6.859***
R^2	0.442	0.469	0.477	0.431	0.369	0.429

注：***、**、*分别表示在1%、5%和10%的水平上显著；林地投入、林地产出和林地面积在回归中取对数。

（2）估计结果分析。根据表 2-7 显示的林业社会化服务供给对不同贫困程度农户林地投入和产出的具体影响如下：

第一，对非贫困农户的影响。融资服务对农户林地投入水平和林地产出水平有显著正向影响，表明资金短缺仍然是制约非贫困农户林地经营的重要因素，林地经营的长周期导致对资金的需求较大。病虫害及火灾预防服务对农户林地投入水平和林地产出水平有显著负向影响，可能是由于在森林管护中，病虫害及火灾预防服务由专业部门统一提供比农户自己提供成本要低，但是由于农户从该项服务中获得的收益比较低，低于该项服务支付的成本，反而降低了林地收益水平。

第二，对一般贫困农户的影响。林木栽培技术服务对农户林地投入水平有显著正向影响，表明技术困难是制约一般贫困农户经营林地的主要障碍，病虫害及火灾预防服务对农户林地投入有显著负向影响。但是对林地产出水平的作用均不显著，可能的原因在于林地生产环节的管护投入在一定程度上提高了林地生产力，然而林木产品采收环节仍需要大量的劳动和资金投入，一般贫困农户在家劳动力较少且资金不足，致使其收获林产品产出小。

第三，对重度贫困农户的影响。融资服务对农户林地投入水平和产出水平有显著正向影响，说明重度贫困农户林地经营资金极为匮乏，对资金的需求较为迫切。

第四，从3类农户估计结果的比较可以发现，就林地投入水平而言，林木栽培技术服务仅对一般贫困农户有显著正向影响，但对非贫困农户和重度贫困农户的影响却并不显著，其原因在于非贫困农户对林地依赖度不高，对技术的需求强度低，使得技术未得到充分的应用，影响了林地投入，重度贫困农户受到的林木采伐约束强，从而抑制了其经营林地的积极性，同样影响了林地投入；融资服务对非贫困农户和重度贫困农户林地投入有显著正向影响，但对一般贫困农户无显著影响，其主要原因在于，受"贷款难""贷款贵"等问题的影响，一般贫困农户林业贷款交易成本较高，对林业贷款的需求较低，获得融资服务的可能性较小，因而对林地投入小。病虫害及火灾预防服务对非贫困农户和一般贫困农户林地投入有显著负向影响，但对重度贫困农户无显著影响，可能是由于病虫害及火灾预防服务具有公共品的性质，重度贫困农户可能存在搭便车心理，不愿意为病虫害防治等支付费用。就林地产出水平而言，融资服务对非贫困农户和重度贫困农户林地产出水平有显著正向影响，但对一般贫困农户林地产出水平无显著影响，说明资金支持是农户收获林木产品的关键节点，林木产品采收环节的劳动力不足以及劳动力市场价格过高制约了林地收益水平。

2.4.5　主要结论及启示

利用江西省700户农户调查数据，基于计量经济模型，定量分析林业社会化服务供给对不同贫困程度农户林地投入和产出水平的影响，研究结论如下：

第一，不同贫困程度农户林地投入水平和林地产出水平存在显著差异，非贫困农户的林地投入水平和林地产出水平最高，重度贫困农户的林地投入水平和林地产出水平最低。

第二，林业社会化服务供给对 3 类不同农户林地投入影响差异非常明显，林木栽培技术服务对一般贫困农户林地投入有更为积极的引导和激励作用；融资服务促进了非贫困农户和重度贫困农户林地投入行为；病虫害及火灾预防服务降低了非贫困农户和一般贫困农户的林地经营成本。

第三，林业社会化服务供给对 3 类不同农户林地产出影响也存在一定差异，融资服务显著提升了非贫困农户和重度贫困农户林地产出水平，病虫害及火灾预防服务降低了非贫困农户林地产出水平。因此，在林业社会化服务供给过程中，需要考虑农户的异质性，采取差异化的供给策略，以提高供给的有效性。

基于以上研究结论，得到以下三点启示。第一，要重点加强对贫困农户的林木栽培技术指导，以及林下经济作物栽培技术示范，切实激发贫困农户经营林业的积极性，提高林业技术的采纳程度，增加林地投入水平。第二，要着重发挥林业金融服务对农户林地投入产出的积极作用，创新金融扶贫模式，加大对小农户尤其是贫困农户的金融支持力度，并进一步简化林业贷款手续，降低融资成本，提升贫困农户的贷款需求，提高林业贷款资金的利用效率。第三，切实保护农户利益，加大政府对林业公共服务供给的引导和支持力度，如对林业"三防协会"给予财政扶持等优惠，降低其服务收费水平。

2.5 林权抵押贷款对不同程度贫困农户收入与行为的影响

2.5.1 研究意义

林权抵押贷款是指农户以《林权证》所载明的林地使用权和林木所有权作为抵押品向银行等金融机构融通资金，其实质是森林资源的变现（韩锋 等，2012）。作为新时期集体林权制度改革的重要配套改革措施，林权抵押贷款创造性地将森林资源纳入抵押品中，扩大了抵押品的范围，能够在一定程度上解决农村抵押品不足而导致的融资难问题，成为林业融资史上的创新，更是农村金融改革的重大突破（石道金 等，2011）。林权抵押贷款对于盘活森林资源资产、促进林区发展、提高农户收入都有重要的意义。截至 2017 年底，我国共发放林权抵押贷款高达 800 多亿元，抵押贷款林地面积近亿亩。2017 年，中国银监会、国家林业局和国土资源部联合发布《关于推进林权抵押贷款有关工作的通知》，明确提出林权抵押贷款"要向贫困地区重点倾斜，支持林业贫困地区脱贫攻坚"，从而赋予了林权抵押贷款的金融扶贫功能和任务。当前，我国正处于脱贫攻坚的决胜期，山区和林区作为贫困人口的"集中区"和脱贫的"深水区"，始终是脱贫攻坚的重点和难点，林业扶贫工作面临模式优化和政策创新的时代重任。林业金融扶贫是农村金融扶贫的重要组成部分，是一种持续的"造血式"林业扶贫新模式，其在缓解农户融资难，促进林业经济增长，减少山区和林区贫困方面被寄予厚望。有研究发现，现行林权抵押贷款扶贫功能不明确，贫困农户林权抵押贷款参与程度低（金银亮 等，2017），致使林权抵押贷款在缓解和消除山区和林区贫困的功能未能得到应有的体现（王见 等，2014），林权抵押贷款扶贫绩效面临信贷机构与贫困农户之间供需不匹配的现实挑战（孔凡斌 等，2017）。为了进一步发挥林权抵押贷款的减贫效应，就需要明确林权抵押贷款的成效及贫困农户林权抵押贷款参与程度。为此，研究并探讨林权抵押贷款是否有助于提高农户的收入水平，以及对不同贫困程度农户收入的影响程度，厘清影响不同贫困程度农户参与贷款的关键因素，对于进一步完善政策以提升林权抵押贷款的扶贫绩效，深化农村金融制度改革具有重要意义。

2.5.2 研究进展

集体林权制度改革以来，农户成为林业经营的主体，由于林业经营长周期，农户面临着林业经营资金匮乏的困境。为此，国家于 2008 年开始实施林权抵押贷款政策。作为一项重要的支农政策，其政策实施绩效如何引起学者们的关注。大部分研究表明，林权抵押贷款政策实施促进了林业投资增长（徐秀英，2018），推动了林业产业及其他产业发展（于丽红 等，2012），提高了林业经营效率、增加了农户收入（罗会潭 等，2016；于丽红 等，2012）。不仅如此，林权抵押贷款也为农村富余劳动力提供了就业途径，提高了农村劳动力就业率（罗会潭 等，2016），还减少了高利贷等非法金融活动，促进了林区社会和谐稳定（郑杰，2011）。但是，也有学者认为林权抵押贷款在乡村的实践效果并未达到预期目标（张红霄，2015）金融机构林权抵押贷款供给并没有满足普通农户的需求（朱莉华 等，2017），政策绩效不理想是由于林权抵押贷款受到农村信用体系、林业资源保护与管理体制影响，即使是好的金融制度安排，若金融生态环境不理想，也会出现制度绩效较差的现象（金银亮 等，2017）。再者，林权抵押贷款政策设计并不利于普通林农融资，林农大多在造林阶段最需要资金，而此阶段可用于抵押的林木资产往往很少，无法满足抵押品的要求（朱冬亮 等，2013）。与此同时，普通农户尤其是贫困农户是否能从林权抵押贷款中获益，成为学者研究的焦点。许多学者认为林权抵押贷款能够有效地减少贫困，一方面林权抵押贷款通过扩大抵押品范围能有效提升贫困农户参与正规金融市场，获取金融服务，提高贫困农户的生产能力和预期收入来直接减少贫困（于丽红 等，2012），另一方面林权抵押贷款通过促进林业企业及相关产业发展扩大了农户的就业机会，带动贫困农户分享经济发展红利来间接减缓贫困（罗会潭 等，2016）。然而，现实中林权抵押贷款的减贫效应在农户个体和群体间并非一致，信贷对不同收入水平农户的边际产出效应存在差异，低收入农户收入增加更为明显（金银亮 等，2017）。此外，林权抵押贷款作为一种金融扶贫方式，其扶贫功效如何更依赖其与产业扶贫、科技扶贫的有效组合（刘芳，2017）。

一些研究对农户在林权抵押贷款中困境和问题从供需两个方面给予了关注。从供给方面看，金融机构信贷配给较为严格，贷款准入门槛较高（金银亮，2017），贷款供给还存在额度小、期限短、利率偏高以及手续繁杂（谢彦明 等，2010）等问题。研究还发现，只有当林地规模、林种、林龄达到规定标准，才有资格申请贷款（何文剑 等，2014），林权抵押物范围仅限于杉树和松树中龄以上林木和毛竹林（罗会潭 等，2016）。银行贷款条件苛刻主要是由于抵押风险大，森林资源价值实现程度有限以及配套机制缺失（张兰花，2016）。从需求方面看，农户参与林权抵押贷款意愿并不高（丁海娟 等，2012），且普遍认为林权抵押贷款融资成本较高，贷款负担过重（金银亮 等，2017）。普通农户参与贷款意愿低，主要是受立地条件、交通和家庭劳动力数量、发展能力等因素约束（王见 等，2014），致使农户对贷款的积极性不高。还有学者认为，贷款期限短增强了农户尤其是贫困农户的还款压力，林业经营还未产生收益，就要偿还贷款，也限制了农户贷款积极性（赵赫程，2015）。

在农户林权抵押贷款行为的影响因素方面，从需求方面看，学者们比较一致地认为农户的个体特征、家庭禀赋、家庭收入、家庭支出及政策因素对林权抵押贷款需求有重要影响。在个体特征因素方面，户主的年龄（宁学芳 等，2015）、受教育程度（聂建平，2017）均会影响农户的贷款需求。在农户家庭禀赋因素方面，家庭总人口越多、劳动力比例越高，农户对贷款的需求程度越低（翁夏燕 等，2016），经营林地规模越小，农户越不愿意进行林权抵押贷款（胡宇轩 等，2017）。在家庭收入因素方面，以农业收入为主的农户，其对贷款的需求更大（刘轩羽 等，2014）。在家庭支出因素方面，家庭总支出对农户林权抵押贷款需求具有显著的正向影响（周艺歌 等，2013）。在政策因素方面，林业补贴会在一定程度上替代农户对林权抵押贷款的需求（翁夏燕 等，2016）。从供给方面看，信用社在提供贷款时会对农户设置一定的门槛，如收入状况、资产状况（李岩 等，2013）。以农业为主要收入来源家庭要比以打工为主要收入来源家庭的贷款可获得性高（沈红丽，2018），生产性固定资产价值高农户的贷款可获得性也更高（牛荣 等，2016）。此外，信用社还会考虑农户经营的林地面积、社会资本及户主个体特征。经营林地面积越大农户贷款的可获得性越大（杨扬 等，2018），有亲友在银行或信用社工作也会提升农户贷款的可获得性（叶宝治 等，2017），中年农户比青年农户的贷款可获得性高，文化程度高农户的贷款可获得性也高（牛荣 等，2018）。

关于如何完善政策以破解农户在林权抵押贷款中的困境，既有研究主要从优化农村金融生态环境、完善配套体系、提升服务能力等角度，提出建立区域性的信用数据库，实现信息共享（金婷 等，2018），加快资产评估专业队伍、评估标准等相关体系建设，提高森林资源价值评估的科学性和合理性（郭燕茹，2018），健全林权抵押贷款风险分担机制、风险保险机制、风险补偿机制，提升金融机构开展林权抵押贷款的积极性（宁攸凉 等，2015），加强林业要素市场建设，规范林地、林木资源的流转，降低金融机构处置抵押物的风险（韦欣 等，2011），增加对林业贷款的扶持，激发金融机构放贷动力（黄丽媛 等，2009）。此外，也有研究提出要开发针对贫困农户的金融产品，以增强贫困农户参与金融市场的机会（金银亮 等，2017）。

整体来看，关于林权抵押贷款的研究已经取得了一定成果，但也还存在不少有待改进的地方。第一，既有研究中关于林权抵押贷款绩效的讨论多是案例研究，尚缺乏采用先进计量方法的实证研究，并且相关研究结论差异性较大，在研究方法上，已有研究普遍采用传统的 OLS 方法估计林权抵押贷款的收入效应，忽略了农户林权抵押贷款行为的内生性，致使模型估计结果有偏；第二，围绕拓展林业抵押贷款扶贫功能和提升林权抵押贷款扶贫绩效关键问题，从农户微观视角，从贷款供求两个方面探索不同贫困程度的农户林权抵押贷款行为及其影响因素的实证研究尚处于起始阶段；第三，在研究方法上，已有的少量研究主要采用单一方程的 Probit 模型或 Tobit 模型对农户林权抵押贷款的需求或供给方面行为或意愿的进行独立研究，忽略了农户尤其是贫困农户的贷款行为更容易受到贷款需求和供给两个方面交互作用及其均衡性影响，致使既有的研究还无法完全有效区分需求效应和供给效应，容易导致和引发对研究结果误读的风险。因此，本文运用能够克服内生性问题的处理效应模型，采用跨区域的大尺度调研数据研究林权抵押贷款对农户收入的影响以及其对不同贫困程度农户收入的影响程度，以期为引导林权抵押贷款的健康可持续发展和农户增收提供决策参考。而后，运用双变量 Probit 模型重点比较分析贫困农户与非贫困农户之间林权抵押贷款行为及其影响因素的差异，进而为完善基于扶贫目标的林权抵押政策提供微观证据。本文的贡献主要有 3 点：一是采用处理效应模型分析林权抵押贷款的收入效应，较好地规避了可能存在的内生性问题；二是对不同贫困程度农户的贷款行为及其影响因素进行比较，以揭示贫困程度的差异对农户林权抵押贷款行为的影响机理；三是采用双变量 Probit 模型，从需求和供给两个方面分析农户林权抵押贷款行为，较好地回避了单一方程的缺陷，解决农户林权抵押贷款有效需求和有效供给的匹配问题。

2.5.3　基础理论分析

金融深化理论认为，通过放松对利率、信贷配给等方面的管制，推进金融市场的自由化，有助于提高资源配置效率和促进经济增长，同时还可以通过收入效应和就业效应增加居民收入水平。在长期的城乡二元分割格局下，农村金融发展远远滞后于城市，农村金融市场上信息不对称及抵押品不足，使得农村信贷资金短缺严重，资本匮乏已成为经济发展和农户增收的瓶颈（王汉杰 等，2018），即使有少量的信贷供给，金融机构也会设置一定的借贷门槛（付鹏 等，2016），即只有财富门槛以上的农户才能获取信贷服务。

林权抵押贷款作为一种新型抵押贷款模式，农户能否获得信贷资金，主要取决于金融机构的资金贷出行为，即金融机构是否愿意向农户发放贷款。在可持续经营理念下，金融机构是否愿意提供贷款主要取决于发放贷款的风险程度，而这与农户的还款能力密切相关。只有当农户具备还款能力时，金融机构才愿意向其提供贷款。影响农户还款能力的主要因素包括农户人力资本、自然资本与物质资本等。正是由于农户自身具有的禀赋资源的差异造成了农户之间的收入及贫富程度的差距，金融机构对不同贫富程度农户的放贷行为存在差异。与较富裕农户相比，贫穷农户的人力资本较弱，难以优化配置林业生产要素，致使其生产效率低下，进而必然导致林业生产收入水平下降，其还款能力相应地要低于较富裕农户，更加难以获得金融机构的信贷资金。不仅如此，与较富裕农户相比，贫穷农户的自然资本和物质资本较少，小规模的林地经营推高了单位面积的生产成本，而林业生产性机械设备的缺失制约了贫困农户林地经营规模的扩大，导致农户无法获得林地规模效益，从而也降低了金融机构放贷的意愿。

农户能否获得贷款不仅取决于金融机构的放贷决策，还取决于农户自身是否存在贷款需求（黄祖辉 等，2009）。由于林权抵押贷款的手续繁杂、抵押资产的评估费用较高，且贷款额度较低，致使单位额度贷款的交易成本上升，削弱了农户的贷款需求。贫困农户薄弱的人力资本、自然资本与物质资本以及由此导致的家庭收入水平、还贷能力以及抗风险能力的低下，与较富裕农户相比，其贷款需求更加不足。

2.5.4 计量模型与变量选择

（1）处理效应模型。本文使用处理效应模型（treatment effect model，TEM）对农户参与林权抵押贷款对其收入的影响进行测算。考虑两种情形，即获得贷款的农户和未获得贷款的农户。定义农户的收入方程为：

$$Y_i = \gamma D_i + \boldsymbol{\beta} X_i + \varepsilon_i \qquad (2\text{-}5)$$

式中，Y_i 为农户 i 的家庭农业收入（取对数），D_i 是农户 i 是否获得林权抵押贷款的虚拟变量，X 是影响农业收入的劳动力、土地等变量，$\boldsymbol{\gamma}$ 和 $\boldsymbol{\beta}$ 是待估计系数向量，ε_i 是随机误差项。

如果 D_i 是随机的，那么式（2-5）中参数 γ 能够准确度量其对农户家庭农业收入的影响。然而，获得林权抵押贷款并不是随机的，而是由其个体、家庭特征多个因素决定，即农户是否获得林权抵押贷款的选择方程为：

$$D_i^* = \theta Z_i + \eta_i \qquad (2\text{-}6)$$

式中，D_i^* 是虚拟变量 D_i 的潜变量，若 $D_i^* > 0$，则 $D_i = 1$；若 $D_i^* \leqslant 0$，则 $D_i = 0$。Z_i 是农户的个体和家庭特征等变量，η_i 是随机误差项。

也就是说，农户林权抵押贷款行为存在"自选择问题"，并且不可观测因素可能同时影响农户贷款的可获得性和家庭农业收入，贷款选择方程和收入方程中的误差项相关系数将不为零，即 corr（ε_i，η_i）$\neq 0$，那么，直接使用OLS 估计式（2-5）的结果会有偏差。因此，运用 Maddala（1983）提出的TEM 模型进行更为精确的估计。

TEM 模型包含两个方程，第一个方程是林权抵押贷款选择方程，即以式（2-6)考察哪些因素影响农户贷款的可获得性；第二个方程是农户收入方程，即以式（2-5）测度林权抵押贷款及其他变量对农业收入的影响。TEM 估计结果可以直接反映林权抵押贷款对农业收入影响的边际效应，而要分析林权抵押贷款对农户农业收入的整体影响，还需要在 TEM 估计的基础上进一步计算林权抵押贷款对农业收入的平均处理效应（ATE）。ATE 的计算方程如下：

$$ATE = E(Y_i \mid D_i = 1) - E(Y_i \mid D_i = 0) \qquad (2\text{-}7)$$

式中，$E(Y_i \mid D_i = 1)$ 表示农户获得林权抵押贷款时的农业收入；$E(Y_i \mid D_i = 0)$ 表示农户未获得林权抵押贷款时的农业收入。

（2）双变量 Probit 模型。农户参与林权抵押贷款行为实际上是农户和信用社双方策略性选择的结果。为了进一步区分影响林权抵押贷款需求和贷款供给的因素，本文采用双变量 Probit 模型考察农户林权抵押贷款需求和信用社贷款供给情况。具体来说，农户和信用社之间存在 4 种决策组合：有需求、有供给，有需求、无供给，无需求、有供给和无需求、无供给。如果用 y_D、y_S 分别表示农户和信用社的决策，并设定 $y_D = 1$ 表示农户有需求，$y_D = 0$ 表示农户没有需求，$y_S = 1$ 表示信用社有供给，$y_S = 0$ 表示信用社没有供给，那么前述决策组合可简化为（1，1）、（1，0）、（0，1）、（0，0）4 种情形。

用 y_D^*、y_S^* 分别表示农户贷款需求和信用社贷款供给的潜在变量，其表达式如下：

$$y_D^* = \beta_D X_D + \mu_D \qquad y_S^* = \beta_S X_S + \mu_S \qquad (2\text{-}8)$$

式中，X_D 和 X_S 分别为影响农户贷款需求、信用社贷款供给的外生变量，β_D 和 β_S 是待估计参数；误差项 μ_D 和 μ_S 服从联合正态分布，记为 $\mu_D, \mu_S \sim$ BVN（0，0，1，1，ρ），其中 ρ 是 ε_D 和 ε_S 的相关系数。y_D^* 和 y_S^* 是不可观察的，它们与 y_D 和 y_S 的关系如下：

$$y_D = \begin{cases} 1 & \text{如果 } y_D^* > 0 \\ 0 & \text{如果 } y_D^* \leqslant 0 \end{cases} \qquad y_S = \begin{cases} 1 & \text{如果 } y_S^* > 0 \\ 0 & \text{如果 } y_S^* \leqslant 0 \end{cases} \qquad (2\text{-}9)$$

假设 P 为农户获得林权抵押贷款的虚拟变量，$P = 1$ 表示农户获得林权抵押贷款，$P = 0$ 表示农户未获得林权抵押贷款，P 与 y_D、y_S 的关系如下：

$$P = \begin{cases} 1 & \text{农户获得林权抵押贷款} \quad y_D = 1, \text{且 } y_S = 1 \\ 0 & \text{农户未获得林权抵押贷款} \quad y_D = 0, \text{或 } y_S = 0 \end{cases}$$

$$(2\text{-}10)$$

通常情况下，y_D 和 y_S 不能被完全观察到，只能观察到农户是否获得林权抵押贷款的结果。借助农户的问卷调查表可以获取到农户的需求信息，但无法完全获取信用社的供给信息。一般而言，只有当 $y_D = 1$ 时，才能观察到 y_S，当 $y_D = 0$ 时，无法观察到 y_S。针对没有贷款需求的农户就无法观察到信用社贷款供给信息这一情况，可以从供需联立方程中的需求部分予以识别。那么，需求可观察双变量 Probit 模型可以表示为：

$$\begin{cases} \text{需求方程：} P(y_D = 1) = P(y_D^* > 0) = P(-X_D\beta_D < \varepsilon_D) \\ \text{供给方程：} P(y_S = 1 \mid y_D = 1) = P(y_S^* > 0) = P(-X_S\beta_S < \varepsilon_S) \end{cases}$$

$$(2-11)$$

采用极大似然法对上述方程进行联合估计，其对数似然函数为：

$$\begin{aligned} \ln L(\beta_D, \beta_S, \rho) = \sum_{i=1}^{n} \{ & y_D y_S \ln\Phi_{BN}(X_D\beta_D, \ X_S\beta_S; \ \rho) \\ & + y_D(1 - y_S)\ln[\Phi(X_D\beta_D) - \Phi_{BN}(X_D\beta_D, \ X_S\beta_S; \ \rho)] \\ & + (1 - y_D)\ln\Phi(-X_D\beta_D) \} \end{aligned}$$

其中，Φ（·）是一元累积正态分布函数，Φ_{BN}（·）是二元累积正态分布函数。

（3）变量选择。收入回归方程考察的是林权抵押贷款对农户收入的影响，被解释变量为农户的家庭农业收入，关键解释变量是农户是否获得林权抵押贷款。除林权抵押贷款外，农户农业收入还受到其他多种因素影响。借鉴牛晓冬等（2017）和薛胜 等（2018）关于农户收入的研究方法，本文主要关注劳动力、土地、资本三大要素对农业产出的影响，还将户主个人特征、家庭人口特征等作为控制变量。此外，鉴于不同地区自然条件、地形地貌的差异，可能对农业产出造成影响，本文将农户生活所在地作为一个控制变量。

贷款选择方程考察的是农户获得林权抵押贷款的影响因素，从金融机构的角度看，信用社提供贷款是综合考虑贷款风险以及交易成本后的理性决策，农户的生产经营状况、财产状况是其筛选合格客户的首要标准（程郁 等，2009），因此，贷款选择方程的解释变量包括了农业生产经营收入和固定资产。林权抵押贷款作为一项支持农业生产经营的生产性贷款，为考察不同农业生产经营活动获得信贷资金支持的情况，引入种植业收入和养殖业收入，直接将收入纳入模型可能会导致内生性，为此，本文采用种植业收入比例、养殖业收入比例作为代理指标。在农村地区，农户拥有的固定资产主要是农机具等农业机械设备，因而引入生产性固定资产。为避免生产性固定资产与贷款行为的相关性，本文选用截至 2008 年底农户拥有的生产性固定资产作为代理变量。除了反映农户经济状况的农业生产和固定资产指标外，林地规模、社会资本也会影响信用社对贷款的供给，林地规模具体用经营林地面积衡量，在一定程度上，林地面积越大，其作为抵押品的价值就越高，高价值抵押品可以降低金融机构放贷风险，增强正规金融机构的放贷意愿（兰庆高 等，2013）。社会资本，具体用是否有家人在政府部门工作度量，农村金融市场信息不对称使得农户易遭受信贷约束，而有家人在政府部门工作，可以降低借贷双方的信息不对称程度，减少正规金融机构贷款损失的风险，减轻农户遭受的信贷约束（牛荣 等，2016），提高金融机构放贷的可能性。最后，纳入户主个人、家庭人口特征及其生活所在地区等反映人口特征变量。

双变量 Probit 模型包括贷款需求和贷款供给两个方程，因而该模型的被解释变量包括农户的抵押贷款需求和信用社的贷款供给。前述及影响农户贷款可获得性的个体、家庭和经济特征等变量，这些变量可能从贷款需求和供给方面影响农户的贷款行为，因此这些变量均作为需求方程和供给方程的解释变量。此外，就需求方程而言，除了前述变量外，以医疗支出为主的非日常消费也可能对农户生产生活造成一定的冲击，进而影响农户的借贷需求，同时考虑到内生性问题，本文采用是否有家人生大病（X_8）代理以医疗支出为主的非日常消费。另外，林业补贴会在一定程度上激发农户营林积极性，增加对林业的投入（舒斌 等，2017），从而增强农户贷款的需求强度，同时为了规避是否获得林业补贴与农户林权抵押贷款行为的相关性，本文采用农户对林业补贴政策的认知程度（X_9）作为代理指标。

表 2-8 对各解释变量进行了定义和汇总统计。由表 2-8 可知，从事农业生产的劳动力的比例为 82.6%，农户对农业的依赖程度依然较高，家庭种植业收入比例为 28.8%，养殖业收入比例为 13.8%，可见大部分样本农户在农业生产中主要从事种植业。耕地面积平均为 4.884 亩，林地面积平均为 41.476亩，表明当地土地资源较丰富。

表 2-8　变量定义及描述性统计

变量符号	变量名	变量说明	均值	标准差
X_1	务农劳动力比例	实际调查数据（%）	0.826	0.236
X_2	耕地面积	实际调查数据（%）	4.884	5.106
X_3	林地面积	实际调查数据（%）	41.476	52.494
X_4	生产性固定资产	截至 2008 年底，家庭拥有的生产性固定资产值，1＝<2 000；2＝2 000～5 000；3＝>5 000	1.446	0.724

（续）

变量符号	变量名	变量说明	均值	标准差
X_5	种植业收入比例	实际调查数据（％）	0.288	0.333
X_6	养殖业收入比例	实际调查数据（％）	0.138	0.259
X_7	是否有家人在政府部门工作	1＝有家人在政府部门工作；0＝没有家人在政府部门工作	0.244	0.430
X_8	是否有家人生大病	1＝有家人生大病；0＝没有家人生大病	0.110	0.313
X_9	林业补贴政策认知	1＝了解；0＝不了解	0.645	0.479
X_{10}	户主年龄	1＝＜30；2＝30～39；3＝40～49；4＝50～59；5＝＞60	3.463	1.012
X_{11}	户主受教育程度	1＝小学及以下文化；2＝初中文化；3＝高中文化；4＝大专及以上文化	1.634	0.653
X_{12}	家庭人口数量	1＝1～3；2＝4～6；3＝7～10	1.758	0.559
X_{13}	家庭人口负担	家庭人口抚养比例	0.592	0.678
X_{14}	农户生活所在地	1＝辽宁；2＝浙江、福建；3＝江西；4＝四川	2.803	0.972

获得林权抵押贷款和未获得林权抵押贷款农户的各变量比较如表 2-9 所示。根据 t 检验结果，两组农户在户主年龄、家庭人口负担、林地面积、养殖业收入比例及是否有家人在政府部门工作等方面均存在显著差异，并且获得贷款农户的家庭农业收入显著高于未获得贷款农户。而在其他解释变量，两组农户均未呈现显著的差异。

表 2-9　获得贷款农户与未获得贷款农户的各变量均值差异

变量符号	获得贷款农户	未获得贷款农户	同方差 F 检验	均值差异 t 检验
Y	3.330	1.666	3.954***	1.664**
X_1	0.862	0.822	1.019	0.040
X_2	5.608	4.807	1.862***	0.801
X_3	61.456	39.333	1.744***	22.123***
X_4	1.485	1.442	1.187	0.043
X_5	0.287	0.288	0.884	−0.001
X_6	0.199	0.131	1.739***	0.068**
X_7	0.426	0.224	1.426**	0.202***
X_{10}	3.191	3.492	0.813	−0.301**
X_{11}	1.750	1.621	1.413**	0.129

（续）

变量符号	获得贷款农户	未获得贷款农户	同方差 F 检验	均值差异 t 检验
X_{12}	1.853	1.748	0.674**	0.105
X_{13}	0.758	0.575	1.236	0.183**
X_{14}	2.721	2.812	0.970	−0.091

2.5.5　数据来源与描述性统计

（1）数据来源。使用的数据来自 2009 年 7—8 月对辽宁、浙江、福建、江西、四川 5 省的实地调查。调查采用分层抽样处理方法，每个省抽取 2 个县，每个县抽取 2 个乡，每个乡抽取 2 个村，每个村抽取 20 户农户。共发放问卷800 份，收回有效问卷 768 份。本次调查对象为普通农户家庭，不包括林业经营大户。该调查收集了 5 个省份样本农户的基础信息，具体包括农户家庭基本情况、生产、生活及借贷等。由于数据的缺失、信息不真实、奇异值等情况，最终筛选出 702 份有效样本。

（2）变量统计描述。三类农户林权抵押贷款需求和获得信贷资金支持情况的统计结果如表 2-10 所示。由表 2-10 可以发现，一般贫困农户中存在贷款需求的样本农户比例与非贫困农户无差异，重度贫困农户中存在贷款需求的样本农户比例比非贫困农户低 9.8 个百分点。从贷款满足率来看，与非贫困农户相比，一般贫困农户和重度贫困农户获得信贷资金支持的样本农户比例分别低1.92 和 2.64 个百分点，不同贫困程度农户贷款满足率差异不大，但数值均较低。

表 2-10　不同贫困程度农户林权抵押贷款需求和可获得性描述

农户贫困程度	样本数	存在林权抵押贷款需求的农户数（户）	贷款需求率（％）	获得林权抵押贷款农户数（户）	贷款满足率（％）
非贫困	300	225	75.00	33	14.67
一般贫困	198	149	75.25	19	12.75
重度贫困	204	133	65.20	16	12.03
合计	702	507	72.22	68	13.41

注：贫困程度具体用尹海杰等（2009）提出的修正的恩格尔系数来衡量，借鉴联合国粮农组织提出的划分贫困的标准，将 50％和 60％作为一般贫困和重度贫困的分割点。

2.5.6 估计结果与分析

(1) 处理效应模型估计结果。采用极大似然法 （ML），运用 Stata 12.0 软件估计处理效应模型，估计结果如表 2-11。估计结果表明，在其他条件不变时，与未获得林权抵押贷款的农户相比，获得林权抵押贷款的农户的家庭农业收入更高，且在 1％的水平上显著。这一研究结论与惠献波 （2019） 关于土地抵押贷款的研究结论一致。也就是说，抵押贷款可以促进农业收入增长。利用表 2-11 中变量的估计系数和式 （2-3） 估计林权抵押贷款对农户家庭农业收入的平均处理效应 （ATE），结果见表 2-12。结果表明，取对数后，"获得" 和 "未获得" 林权抵押贷款的农户的家庭农业收入分别为 14.581 和 6.472。林权抵押贷款对农户家庭农业收入影响的 ATE 为 8.109，且在 1％的水平上显著。从家庭农业收入变化看，在控制了可观测因素和不可观察因素的情况下，林权抵押贷款促使农户家庭农业收入增加 125.3％。为了考察林权抵押贷款对不同贫困程度农户家庭农业收入的影响，本文针对非贫困农户、一般贫困农户和重度贫困农户，分别估计林权抵押贷款对家庭农业收入影响的平均处理效应。表 2-12 的估计结果表明，在贫困程度不同的各子样本中，林权抵押贷款均会对家庭农业收入有显著的正向影响。具体来看，对非贫困农户，林权抵押贷款促使农户的家庭农业收入比控制组高 119.6％；对一般贫困农户和重度贫困农户，林权抵押贷款促使农户的家庭农业收入分别比控制组高 131.9％和127.6％。总体上看，贫困程度一般的农户，林权抵押贷款对农业收入影响的效应最大。显然，一般贫困农户 "精耕细作"，使得其家庭农业收入增加将更大。另外，获得贷款的农户无论是一般贫困农户还是重度贫困农户，其家庭农业收入均高于非贫困农户。这就表明，向贫困农户提供贷款有助于改善农业生产要素的配置，进而可以显著提高其农业收入。

表 2-11　林权抵押贷款对农户家庭农业收入影响的估计结果

	选择方程	收入方程
是否获得林权抵押贷款	—	7.987***
家庭务农劳动力比例 (X_1)	—	0.377
耕地面积 (X_2)	—	0.032
林地面积 (X_3)	0.025	0.107
生产性固定资产 (X_4)	−0.306***	1.224***

（续）

	选择方程	收入方程
种植业收入比例（X_5）	1.875***	—
养殖业收入比例（X_6）	1.723***	—
是否有家人在政府部门工作（X_7）	0.049	—
户主年龄（X_{10}）	−0.023	0.025
户主受教育程度（X_{11}）	−0.057	0.235
家庭人口数量（X_{12}）	0.102	−0.147
家庭人口负担（X_{13}）	−0.077	−0.083
农户生活所在地（X_{14}）	−0.092*	0.168
常数项	−1.089***	3.297***
内生性检验 P 值	0.000	
样本数	702	

注：为避免数据过大而导致回归系数过小和可能的异方差问题，将 X_3 取自然对数转化后，再纳入模型。

表 2-12　林权抵押贷款对农业收入影响的平均处理效应

	农业收入		ATE	t 值	变化
	获得贷款	未获得贷款			
全样本	14.581 (1.052)	6.472 (0.971)	8.109***	−60.822	1.253
非贫困农户	14.476 (0.984)	6.593 (1.016)	7.883***	−43.247	1.196
一般贫困农户	14.799 (1.210)	6.381 (0.947)	8.418***	−29.379	1.319
重度贫困农户	14.537 (1.018)	6.388 (0.911)	8.149***	−30.992	1.276

注：***表示估计结果在1%的水平上显著；括号内数字为稳健标准误。

在 TEM 估计中，生产性固定资产对农业产出有正向作用，且在1%的水平上显著，这表明农业机械设备的使用可以改进生产效率进而提高了农业产出水平。生产性固定资产对林权抵押贷款可获得性有负向影响，且在1%的水平上显著，产生这一结果的可能原因是拥有固定资产价值高的农户对林权抵押贷款的响应不积极，参与贷款的程度低。种植业收入比例、养殖业收入比例均对林权抵押贷款可获得性有正向作用，且在1%的水平显著。这意味着随着家庭的非农化转变，其抵押贷款的可获得性降低。务农劳动力比例、耕地面积均对农业收入的影响不显著。在劳动力转移的背景下，未发生转移仍从事农业生产的劳动力往往年龄偏大且能力较差，因此其对农业产出影响不显著。林地面积对农业收入以及林权抵押贷款的影响都不显著，这可能与林地粗放经营及其细碎化有关。

（2）双变量 Probit 模型估计结果。运用 Stata 12.0 软件对不同贫困程度农户林权抵押贷款行为的双变量模型进行估计，估计结果如表 2-13 所示。非贫困农户林权抵押贷款双变量模型的估计结果显示，受教育程度高、家庭人口负担重的农户对抵押贷款的需求高。种植业收入比例高的农户对抵押贷款的需求也高。生产性固定资产、林业补贴政策认知程度对林权抵押贷款需求具有显著的负向影响。这一结果的可能解释是生产性固定资产价值高的农户自身资金积累较多，其贷款意愿较低，补贴收入对农户抵押贷款需求具有替代作用。是否有家人在政府部门工作、林地面积、养殖业收入比例，均对金融机构贷款供给有显著正向影响，这说明农户拥有的社会资本、抵押品价值以及农业收益是金融机构放贷的主要参考。生产性固定资产对金融机构贷款供给有显著负向影响，这就表明生产性固定资产价值高的农户对抵押贷款的响应并不积极。一般贫困农户林权抵押贷款双变量模型的估计结果显示，年龄大的农户对抵押贷款的需求小，生产性固定资产价值高的农户获得信贷资金支持的可能性大。重度贫困农户林权抵押贷款双变量模型的估计结果显示，有家人生大病因素对农户抵押贷款需求具有显著正向影响，这在相当程度上说明大额医疗支出给农户造成较大的经济压力。相应地，年龄小、经营林地面积大的农户获得信贷资金支持的概率更大。

表 2-13　双变量 Probit 模型估计结果

变量	非贫困农户		一般贫困农户		重度贫困农户	
	需求方程 DE 系数	供给方程 SE 系数	需求方程 DE 系数	供给方程 SE 系数	需求方程 DE 系数	供给方程 SE 系数
林地面积（X_3）	−0.040	0.234***	−0.015	−0.005	0.041	0.181*
生产性固定资产（X_4）	−0.407***	−0.240*	0.109	0.304*	−0.201	0.253
种植业收入比例（X_5）	0.869***	0.414	−0.016	−0.285	−0.189	−0.415
养殖业收入比例（X_6）	0.512	0.843**	−0.697	0.033	0.128	0.618
是否有家人在政府部门工作（X_7）	0.284	0.815***	−0.097	0.245	0.220	0.121

（续）

变量	非贫困农户		一般贫困农户		重度贫困农户	
	需求方程 DE 系数	供给方程 SE 系数	需求方程 DE 系数	供给方程 SE 系数	需求方程 DE 系数	供给方程 SE 系数
是否有家人生大病（X_8）	−0.031	—	−0.211	—	0.587*	—
林业补贴政策认知（X_9）	−0.345*	—	−0.269	—	−0.196	—
户主年龄（X_{10}）	−0.155	−0.007	−0.263**	−0.225	−0.003	−0.283**
户主受教育程度（X_{11}）	0.247*	−0.058	0.184	0.157	0.186	0.045
家庭人口数量（X_{12}）	0.054	0.175	−0.243	0.336	−0.048	−0.072
家庭人口负担（X_{13}）	0.226*	0.106	0.037	0.108	0.166	0.051
农户生活所在地（X_{14}）	0.266***	−0.084	0.097	−0.121	0.136	−0.149
常数	0.463	−2.167**	1.671**	−1.651*	−0.056	−1.052
相关系数	0.991***		0.981***		0.943*	
极大似然值	−226.501		−154.164		−167.363	
实测值	300		198		204	

注：为避免数据过大而导致回归系数过小和可能的异方差问题，将 X_3 取自然对数转化后，再纳入模型。

　　从三类农户估计结果的比较可以发现，不同贫困程度农户林权抵押贷款需求和金融机构贷款供给的影响因素存在明显差异。就林权抵押贷款需求而言，首先，有家人生大病对重度贫困农户林权抵押贷款需求具有显著的正向影响，但对一般贫困农户和非贫困农户林权抵押贷款需求的影响却并不显著。其中的主要原因在于和一般贫困农户和非贫困农户相比，重度贫困农户家庭自身财富积累较少，受大病医疗支出的冲击更大，生产生活资金缺口大使得农户容易产生林地抵押贷款需求。其次，林业补贴政策认知对非贫困农户贷款需求有显著负向影响，而对一般贫困农户和重度贫困农户影响并不显著，其原因在于林业补贴收入虽然可以在一定程度上缓解农户林业生产经营资金压力，对贷款有一定的替代作用，然而补贴收入的发放存在一定的时间滞后性，这削弱了其对贫困农户贷款需求的替代作用。就金融机构贷款供给而言，首先，有家人在政府部门工作对非贫困农户获得信贷资金支持有显著的正向影响，但对一般贫困农户和重度贫困农户的影响却并不显著，其中的原因主要在于贫困农户极少有家人在政府部门工作，社会资本相对薄弱，因而其获得信贷资金支持概率不高。其次，生产性固定资产对一般贫困农户获得信贷资金支持有显著正向影响，而对非贫困农户有显著的负向影响，对重度贫困农户影响不显著。生产性固定资产可以反映农户的家庭财富状况，可以在一定程度上降低金融机构信息不对称程度，增强其贷款供给意愿，但是由于林权抵押贷款实践中的繁杂程序及较低的贷款额度，反而会抑制固定资产价值高的非贫困农户参与抵押贷款的积极性。而重度贫困农户固定资产价值普遍低于非贫困农户和一般贫困农户，金融机构为了规避风险而不愿意提供贷款。最后，养殖业收入比例对非贫困农户获得信贷资金支持有显著的正向影响，但对一般贫困农户和重度贫困影响不显著，其中的原因在于受养殖业经营资金投入门槛高的制约，贫困农户农业生产经营仍然以种植业为主，较低的比较收益使得金融机构不愿意给予贫困农户信贷资金。

2.5.7　结论与政策建议

利用全国5省702份农户实地调查数据，探讨林权抵押贷款的收入效应，在此基础上，进一步研究林权抵押贷款扶贫目标下的农户贷款行为及其影响因素，结果表明：

（1）林权抵押贷款对农户的增收效果明显，获得林权抵押贷款的农户其家庭农业收入更高，且不同贫困程度农户收入增加幅度不同，非贫困农户农业收入的增幅最小，一般贫困农户农业收入的增幅最大。

（2）不同贫困程度农户获得林权抵押贷款的比例均较低。从供给方面看，林权抵押贷款产品设计单一，没有考虑农户经济条件的差异性，缺乏面向贫困农户林权抵押贷款产品的个性化设计，贷款产品扶贫目标和功能缺失，无法发挥林业金融贷款的扶贫功效；从需求方面看，单一的经济扶持并未能调动农户经营林业的积极性，缺乏与之配套的科学技术和产业扶持，致使贷款需求不高且贷款需求和供给发生错位。

（3）不同贫困程度农户林权抵押贷款需求和可获得性的影响因素存在明显差异，有家人生大病仅对重度贫困农户林权抵押贷款需求有显著的正向影响，而林业补贴政策认知对非贫困农户林权抵押贷款需求有显著的负向影响，有家人在政府部门工作与养殖业收入比例仅对非贫困农户获得信贷资金支持有显著正向影响，生产性固定资产对一般贫困农户获得信贷资金支持有显著正向影响，但对非贫困农户获得信贷资金支持有显著负向影响。

（4）在理论上，林权抵押贷款与农地抵押贷款和小额信贷均被认为是缓解贫困地区农户信贷约束的新型融资方式，但是在实践中无论是何种融资方式都不能很好地满足贫困人口的信贷需求，贫困人口获得信贷资源的难度依然很大。林权抵押贷款的现状是总量停滞、抵押率低、贫困农户受益少，金融机构放贷的内在利益驱动缺乏。无论是抵押贷款还是小额信用贷款，仅仅通过供给端的金融产品创新难以解决贫困农户融资难问题，需求端的贫困农户贷款需求是一个不可忽视的重要因素，只有从供求两端消除制约农户正规贷款行为的因素，才能真正克服贫困农户发展的障碍。

基于以上分析，结合当前我国加大林业金融扶贫力度推动林业扶贫工作的实际需要，本文提出以下政策建议：

第一，建立和完善基于扶贫目标的林权抵押贷款产品设计与精准帮扶模式。在林权抵押产品设计上，应采取差异化的策略，以农户的贫困程度为衡量标准，针对农户劳动能力、经济活动能力差异量身定制不同的信贷产品，尤其要注重目标群体的瞄准性，真正发挥林权抵押贷款在扶贫中的作用。对于劳动能力短期弱、经济活动能力强的一般贫困农户，推出"基金担保＋小额信用循环贷款"信贷产品，可由地方政府财政出资组建小额信用贷款担保基金，金融机构根据农户信用等级授予相应的贷款额度，农户根据自身需要向金融机构借贷并按期偿还，而后则可继续向金融机构借贷授信额度内款项，并形成良性循环；对于劳动能力强、经济活动能力弱的一般贫困农户，推出"林业保险＋专业技术培训"的信贷产品，可由政府财政承担绝大部分林业保险费用，金融机构向农户提供与专业技术培训相应的产业发展专项贷款；对于劳动能力短期弱、经济活动能力弱的重度贫困农户，推出"贫困群体＋合作社"的信贷产品，可由合作社提供种苗等生产资料并回收农产品来带动贫困农户发展生产，金融机构向合作社提供与其吸纳贫困农户数目相匹配的贷款。

第二，着力提升贫困农户承贷能力，切实提高贫困农户贷款可得性水平。要大力支持贫困农户发展林下经济，提高林地资源利用效率，激发贫困农户投资发展林业及关联性生产的积极性，增强贫困农户自我发展意识和生产性贷款需求；要加强贫困农户的生产技能、金融知识、文化素养的培训与教育，提升贫困农户的文化水平、经营能力和金融意识，提高生产经营能力与增收机会，增加家庭经营性收入，增强其获得贷款的可能性；要推进以农户家庭经营为基础的农林经营结构高端化、经营格局多元化进程，提升贫困农户家庭多元化经营性水平；支持和鼓励林地资源面积小的贫困农户通过林地经营权参股、合股、合作等林地流转模式与林业大户、林业公司及同村林业经营户开展林地联合经营，克服林地规模不经济困境，有效缓解金融机构对贫困农户的信贷约束。

第三，建立和完善林权抵押贷款扶贫多元合作长效运行机制。加强政府、扶贫办与金融机构三者之间的合作与协同帮扶机制，合力共建贫困农户信息动态管理系统，实现信息的共建共享，降低金融机构与贫困农户之间的信息不对称程度，增强银行提供贷款资源的意愿。依托扶贫办提供的贫困农户基本信息，银行根据农户劳动能力、经济活动能力和贫困程度对贫困农户进行分类，并匹配不同的信贷产品，贫困农户根据自身需求与银行进行对接，政府基于扶贫成效给予银行一定的奖励；建立政府部门工作人员与贫困农户家庭"一对一"金融"结对"帮扶模式，及时帮助协调解决林权抵押贷款中的实际困难；要加大政府对森林资源评估、森林保险、林权交易市场的投入力度，不断提高森林资源价值的实现程度，降低金融机构的放贷风险，增强银行提供信贷资源的积极性。

第三章 农户林业社会化服务需求特征及其影响研究

明确农户林业社会化服务需求特征及其关键影响因素的作用机制，可以为深化集体林权制度改革中我国林业社会化服务体系及支持政策提供科学依据。基于农户调查数据，依次量化分析集体林区农户林业社会化服务需求及其影响因素，劳动力转移因素对农户林业社会化服务需求的影响及其影响差异，贫困因素对农户林权抵押贷款需求的影响机制，林地细碎化对农户林业科技接纳行为的影响机制，农户林权抵押贷款行为及其影响因素机制以及农户参与森林保险行为意愿及其影响机制。

3.1 农户林业社会化服务需求特征及影响因素

3.1.1 研究意义

林业社会化服务体系的建立与完善是传统林业向现代林业转型的重要环节，其目的是为满足林业经营者在林业产前、产中、产后提供政策咨询、技术指导、金融服务以及销售信息等多方面服务需求，以有效解决集体林权制度改革后林业生产的小规模与大产业、大市场之间的矛盾，这对于降低林产品生产经营成本、增强抵御林业市场风险和自然灾害风险的能力、增强林产品市场竞争力具有重要的作用。2013—2016 年，中央 1 号文件均对加快建立和完善农业社会化服务体系问题提出明确任务要求。建立和完善我国林业社会化服务体系是推进我国农业社会化服务体系建设的重要组成部分，也是深化我国集体林权制度改革的重要内容。

新一轮的集体林权制度改革以来，农户作为林地承包经营权的主体地位基本被确立，从事林地生产的积极性也明显提高。然而，农户在林地经营中遇到许多实际困难，例如缺少先进实用技术、林产品销售困难、缺乏经营资金、害怕政策不稳定等问题（孔凡斌 等，2013），这些问题和困难在一定程度上提升了农户对林业社会化服务需求的急迫性。目前中国农村社会化服务供给依然会十分短缺（孔祥智 等，2010），林业社会化服务供给缺失尤为严重，成为影响农户林地经营积极性的重要因素之一（蔡志坚 等，2007）。因此，建立和完善中国农户需求层面的林业社会化服务体系显得十分迫切，了解农户有哪些林业社会化服务需求，以及影响农户林业社会化服务需求的关键因素，是建立有效林业社会化服务供给和完善林业社会化服务体系的前提。

3.1.2 研究进展

已有一些研究对农村社会化服务进行了一些关注，研究成果主要集中有农业社会化服务方面，黄武（2010）和朱述斌等（2015）认为农户对技术服务有着较强的需求意愿，但需求强度跟该技术服务的相关收入占家庭总收入的比例和农户在生产中是否遇到过技术难题有着重要正相关影响。从"农户自己最需要的农业技术服务"和"最需要政府提供的农业技术服务"两个视角来看，农户对农业技术服务需求与供求处于失衡现象（王瑜 等，2007）。且在当前和今后相当一段时期内面临的主要问题是农业社会化服务供给不足，在欠发达地区尤为明显（谈存峰 等，2010）。对于农技供需现状中存在的"有效供给""有效需求"不足与失衡现象，主要是因为技术从产生到采用各环节主体的目标不一致，对农民的技术需求掌握不足，导致政府、农业科研、技术推广人员的技术创新及推广与农民的技术需求相脱节（黄季焜 等，2000）。

随着集体林权制度改革的推进，林业社会化服务研究成果也随之增多，现有成果主要针对林业社会化服务体系建设以及农户林业社会化服务需求问题展开的研究，并得出了一些有价值的研究发现。例如，有研究认为，目前我国林业社会化服务程度较低，林业社会化服务供求结构差异较大（李宏印 等，2010），并呈现各区域差异较大的特点（丁胜和徐凯飞，2013）。集体林权制度改革以来，林业社会化服务体系存在现有的林业服务机构的服务范围过小、林业合作组织数量太少、林业社会化服务的资金投入不足等问题，同时存在定位不清、权责不明、服务主体供给单一、制度不健全等问题（吕杰 等，2008）；在农户对林业社会化服务需求行为（意愿）方面，农户对技术服务、资金服务、政策与法律服务、森林保险服务和林业合作组织服务等社会化服务方面有着较强的需求意愿（李宏印和张广胜，2010），按需求强度由大到小依次为：技术服务—信息服务—金融、保险服务—法律服务—其他（蔡志坚 等，2007）。

许多因素会影响农户林业社会化服务需求，不同的林业社会化服务需求，其显著影响因素也有较大的差别，如农户的受教育年限、林业收入占比和家庭收入对林业技术服务尤为显著，户主受教育程度、农户是否参与合作组织及住所到城镇的距离对农户种苗服务有显著影响（程云行 等，2012）。也有研究把林业社会化服务作为影响农户经营决策行为的重要因素，如薛彩霞、姚顺波等（2013）认为是否接受技术培训等社会化服务对农户经营非木质林产品行为的影响。类似的研究还有关于广东省荔枝生产者的农业生产性服务需求意愿（庄丽娟 等，2011），以及油茶种植业农户对不同属性技术的需求及其影响因素（王浩和刘芳，2012）。

　　已有研究为本文提供了理论和方法上的借鉴，同时还存在进一步拓展研究的空间：第一，从研究内容来看，已有的成果从多角度对农业社会化服务供需问题及林业社会化服务体系建设作了较深入研究，但从农户角度对林业社会化服务需求行为关注度还不够，且一些研究仅是把林业社会化服务作为影响农户林业社会化服务行为或效率的重要因素，对林业社会化服务的需求及其影响的研究关注度还远远不够。第二，从研究区域来看，针对一个省或一个省中几个县的问卷调查数据的研究较多，但针对大尺度的农户调研数据的实证研究还是偏少。第三，目前不同的研究者关于集体林权制度改革后的农户林业社会化服务需求研究的结论存在较大差异。因此，需要从更广泛的角度考查农户需求的规律性特征和影响因素，特别是要关注经济地理条件以及需求诱导因素等的影响。鉴于此，本研究利用南方 8 省（区）农户调查数据，对农户林业社会化服务需求特征及其影响因素进行定量分析，以期为政府完善相关政策提供思路启发。

3.1.3　变量设计与研究假设

　　理性选择理论认为个人在特定情境下可供选择的行为策略是追求利益最大化的。Schultz（1964）认为，当农户在面临多个选择方案时，往往会选择效用最大的方案。西蒙（1989）认为，决策者在认识能力有限的情况下，面对复杂的、不确定的交易环境时，由于自身的信息局限性或不完全性，只能发挥有限理性。而后，庄丽娟等（2011）在对农户行为理论运用后认为，农户行为在一定经济发展水平、生产条件、市场环境和政策环境下如何利用其拥有的资源禀赋进行生产决策的过程。作为农村社会化服务需求的主体，农户对林业社会化服务需求行为是多种影响因素共同作用的结果，除了受包含生产条件、政策环境、市场环境等在内的林地经营特征和服务需求诱导因素影响外，其自身素质、家庭资源禀赋、经济与地理环境等因素也是不可忽视的，这些因素会共同影响农户林业社会化服务需求。根据上述理论，提出以下5类研究假说：

（1）户主特征影响农户对不同林业社会服务需求。①年龄。在一定的年龄范围内，随着户主年龄越小，接受新生物的能力越强，对林业社会化服务需求的意愿越强（黄武，2010）。因此，户主年龄对林业社会化服务需求有反向影响。②文化程度。户主文化程度越高，林地经营过程想获取知识和信息的能力越强，林地集约经营的意识越强，科学、合理生产的决策能力越强，更想获得社会化服务的需求（应瑞瑶 等，2014）。预计户主受教育年限对农户林业社会化服务需求有正向影响。

（2）家庭资源禀赋影响农户对不同林业社会化服务的需求。①林地经营规模。林地经营规模指农户家庭经营的林地面积，在一定林地面积范围内，林地面积越大，投入的资金和精力越多，所承担的风险也越大，需求的林地社会化服务的意愿越强（黄武，2010）；林地经营面积太少，对农户来说不足以依赖林地为生，农户则会倾向于合伙经营或办集体林场，自己则可以经常外出务工。因此，预计林地经营规模对农户林业社会化服务需要有正向影响。②经济林经营比例。经济林经营集约程度高，其经营过程更需要有生产技术、经营资金、市场信息等方面服务，因此，预计经济林经营比例越高，社会化服务的需求越强。③劳动力数量。劳动力作为林地资源配置的重要因素之一，其数量数越多，可配置的劳动力资源越多，对林地经营越有帮助，劳动力数量对农户林业社会化服务需求有正向影响。④林地地块数量。林地地块数量在一定程度上能反映农户林地细碎化程度，林地细碎化程度影响农户林地投入的成本，进而反向影响农户林业社会化需求。

（3）经济与地理因素影响农户对林业社会化服务的需求。不同经济地理的社会、经济、文化环境等各不相同，林业经营水平也会存在差异，自然也影响农户的需求（王浩 等，2012）。地形和区位因素是反映经济地理条件的一种重要指标。地形和区位条件对农户林业投入产出水平有着重要影响（孔凡斌和廖文梅，2014），进而也会造成农户林业社会化服务需求差异性影响，已是学术界和政府部门的共识。但是，到目前为止，对农户林业社会化服务需求的影响机理还不够明确，相关研究成果较为缺乏，定量分析的研究文献甚为少见。

（4）林地经营特征影响农户对林业社会化服务的需求。①林地经营资金的主要来源。林地经营资金依赖于借贷资金的农户，林业经营的专业化程度高，为了解决林地经营中的各类困难，因而会对各类林业社会化服务需求更加强烈。②林业收入占家庭总收入的比重。林业收入占家庭总收入的比重越高，农户对林业收入的依赖程度就越大，即专业化程度越高，从而专用性投资越大，其对林业社会化服务的需求也会比其他农户更多（王浩 等，2012；朱述斌 等，2015）。故预计林业收入占家庭总收入的比重对农户林业社会化服务需求有正向影响。③是否获得林业补贴。林业补贴包括林木良种培育补贴、造林补贴、森林抚育补贴、林业科技推广示范补贴、林业贷款贴息补贴等政策。获得林业补贴与否，可以依此判断农户是否从事林业生产或者林业投资，此类农户应更需要林业社会化服务。

（5）诱导因素影响农户对林业社会化服务的需求。①本地是否提供相应的服务。本地是否提供相应的社会化服务是建立市场有效需求的前提，能产生一定的示范和带动效应，在一定程度上能诱导农户对林业社会化服务的需求。②农户经营过程中的困难经历。林地经营过程中是否有遇到的技术问题、病虫等危害、政策不稳定、资金不足、销售困难等经历对农户相应的社会化需求也具有诱导作用（黄武，2010；应瑞瑶 等，2014），也是检验农户风险承受能力的重要指标。③是否参与林业专业合作社。农户可以通过林业专业合作社获取更多的服务信息或服务内容，也是影响农户某种服务搜寻成本的重要因素之一（庄丽娟 等，2011）。④是否接受收费服务。构建林业社会化服务体系，需要大力培育发展多元化服务主体，强化农村公益性服务体系和培育农村经营性服务组织，除了提供公益性免费服务的同时，新型的经营性收费服务市场是培育发展的重点。因此，了解农户对收费服务的接受态度对于培育农村经营性服务市场具有重要作用。

3.1.4　模型选择及变量统计描述

（1）模型选择。采用二元选择模型，分析户主特征、家庭特征、经济地理特征对林业社会化服务需求的影响。农户对林业社会化服务需求有"需要"和"不需要"两种结果，即被解释变量属于二元选择问题。假设农户林业社会化服务中"需要"时被解释变量取值为 1、"不需要"时取值为 0，而农户林业社会化服务需求的概率为 p，取值介于 0 和 1 之间，由此构建二元 Logit 模型，具体基本形式如下：

$$\ln\left(\frac{p}{1-p}\right) = \beta_0 + \sum_{i=1}^{n} \beta_i x_i + \mu \tag{3-1}$$

式（3-1）可以转化为下列表达式：

$$p = F\left(\beta_0 + \sum_{i=1}^{n} \beta_i x_i\right) = \cfrac{1}{1 + \exp\left[-\left(\beta_0 + \sum_{i=1}^{n} \beta_i x_i\right)\right]} \qquad (3\text{-}2)$$

式中，p 为农户林业社会化服务需求的概率；β_0 表示回归截距，即常数项；x_i 表示影响农户林业社会化服务需求的第 i 项因素；β_i 表示第 i 项因素的回归系数；μ 为随机干扰项。

（2）数据来源及变量统计描述。数据来源于 2012 年对江西、河南、四川、浙江、福建、湖南、广西、贵州等 8 个省区农村林业经营户的入户调查。每个省区中的林区县随机抽取 2 个县，每个县随机抽取 3 个乡镇，每个乡镇随机抽取 3 个村，每个村随机抽取 15 个农户，随机抽取的农户不在家的，采用偶遇方式进行补充，偶遇无法补充则放弃这一农户的调查。此次调查收回问卷 1 780 份，在数据整理过程中严格剔除缺失数据的样本后，实际有效样本为 1 413 个。

主要考察农户林业社会化服务需求及其影响因素，即被解释变量是农户林地经营中的 6 大服务需求类型：林业政策咨询服务、林业良种及栽培技术服务、林业病虫害等"三防"服务、林业融资服务、林业市场销售信息服务、林业资产评估服务，具体如表 3-1 所示。此处分类主要来自两方面的依据：一是根据农户林业生产和经营的阶段进行划分（龚道广，2000）；二是来自农户林地经营过程中所遇到的困难或瓶颈，并希望通过林业社会化服务为其提供帮助或解决问题，农户的 6 类需求主要来自调研中农户自述在林业生产中遇到的主要困难而期望得到相关服务。

表 3-1 被解释变量定义及统计描述

变量名	定义	变量解释	需求		供给	
			均值	方差	均值	方差
Y_1	林业政策咨询服务	是＝1，否＝0	74.17%	0.43	38.71%	0.48
Y_2	林业良种及栽培技术服务	是＝1，否＝0	77.92%	0.41	49.32%	0.49
Y_3	林业病虫害等"三防"服务	是＝1，否＝0	89.53%	0.31	69.07%	0.69
Y_4	林业融资服务	是＝1，否＝0	71.76%	0.45	32.97%	0.33
Y_5	林业市场销售信息服务	是＝1，否＝0	77.00%	0.42	29.15%	0.29
Y_6	林业资产评估服务	是＝1，否＝0	61.15%	0.49	29.37%	0.29

根据表 3-1 所示，总体上，农户对林业社会化服务的需求意愿比较强烈，均值处于 75.26%。按农户需求意愿强度来分，农户林业社会化服务需求从高

至低依次为：林业病虫害等"三防"服务、林业良种及栽培技术服务、林业市场销售信息服务、林业政策咨询服务、林业融资服务和林业资产评估服务。需求量最高的社会化服务为林业病虫害等"三防"服务，占样本总数的89.53%。其次就是林业良种及栽培技术服务，占样本总数的77.92%。从农户的需求特征来看，呈现为生产性需求更为强烈，其次则为政策投资性需求。

与此同时，课题组还调查了当地是否具有相应林业社会服务的供给情况，表示当地具有相应林业社会化服务（$Y_1 \sim Y_6$）的农户分别占样本量的38.71%、49.32%、69.07%、32.97%、29.37%。除了林业病虫害等"三防"服务以外，农户均表示当地的相应社会化服务比较缺失，如当地具有林业市场销售信息服务和林业资产评估服务只占样本总量的29.15%和29.37%。林业病虫害等"三防"服务因各地方建立"三防"协会，因此此类服务供给相对健全。

被解释变量由户主和家庭特征、经济与地理特征、林地经营特征与服务诱导因素等构成，主要解释哪些因素致使农户林业社会化服务需求存在差异，其名称、定义、变量解释、均值及方差具体见表3-2。

表3-2　解释变量定义及统计描述

变量名	变量定义	变量解释	均值	方差
（1）户主特征				
	年龄	实际调查数据（岁）	55.32	74.37
	文化程度	实际调查数据（年）	7.231	2.72
（2）家庭特征				
	林地面积	实际调查数据（公顷）	2.137	5.958
	经济林的比重	实际调查数据（%）	0.344	0.237
	劳动力数量	实际调查数据（人）	2.817	1.18
	地块数量	实际调查数据（块）	2.786	4.602
（3）经济与地理特征				
	农村经济发展水平	农村居民人均纯收入	6 618.427	2 569.906
	通达程度	偏远＝1，中等＝2，近郊＝3	1.728	0.787
	人口集中度	低度＝1，中低度＝2，中高度＝3，高度＝4	2.23	1.08
	是否为山区	是＝1，否＝0	0.572	0.495
	是否为平原	是＝1，否＝0	0.105	0.306

（续）

变量名	变量定义	变量解释	均值	方差
（4）林地经营特征				
	林业收入占总收入的比重	实际调查数据（％）	19.79％	0.294
	林地经营资金的主要来源	自有资金＝1，借贷资金＝0	0.919	0.274
	是否获得林业补贴	是＝1，否＝0	0.148	0.373
（5）服务诱导因素				
	当地是否提供相应的服务	是＝1，否＝0	见表3-1	见表3-1
	是否加入林业专业合作社	是＝1，否＝0	0.116	0.320
	是否接受服务收费	是＝1，否＝0	0.507	0.500
	是否存在政策困惑	是＝1，否＝0	0.352	0.478
	是否经历技术困境	是＝1，否＝0	0.427	0.494
	是否经历销售难的困境	是＝1，否＝0	0.376	0.484
	是否经历资金短缺困境	是＝1，否＝0	0.502	0.500
	是否经历病虫害等困境	是＝1，否＝0	0.439	0.497
	是否发生林地流转	是＝1，否＝0	0.111	0.314

需求进一步说明的是，表3-2中样本地区的地形条件可分为山区地形、丘陵地形和平原地形三类，依据详见廖文梅等（2014）的相关研究。区位等级（因素）是反映土经济地理条件的一种重要指标，本文区位条件采用农村经济发展水平、人口聚集度和通达程度三个指标来衡量。农村经济发展水平采用样本农户所在县（市）农民人均纯收入指标来衡量，数据来源于各地2012年的统计年鉴，统计结果表明，样本县农村居民人均纯收入的均值为6 618.427元（表3-2），低于全国农村居民人均纯收入7 917元。通达程度采用样本村镇到中心城镇的距离来衡量，依此划分为近郊、中等通达、偏远三种类型，分别以3、2和1等数字表示（李君 等，2008），该数据通过农户所在的自然村调研所得。从表3-2可看出，通达程度均值为1.728，意味着农户样本数据主要来自偏远地区。

3.1.5 模型估计及结果分析

（1）模型估计结果。基于1 413户农户调查数据，运用Stata 11.2统计软件，对农户林业社会化服务需求的影响因素进行二元Logit模型估计，定量分析农户特征、地形区位因素、林地经营因素和社会化服务诱导因素对农户林业社会化服务需求的影响，估计结果如表3-3的模型（1）～（6）所示。

表3-3 农户林业社会化服务需求的影响因素估计结果

变量	模型估计结果：比数比					
	Y_1	Y_2	Y_3	Y_4	Y_5	Y_6
（1）户主特征						
年龄	0.939	0.936	0.963	0.867**	0.902*	0.933
文化程度	1.159**	1.032	1.033	0.977	1.035	1.031
（2）家庭特征						
林地面积	0.999	0.999	0.998	0.998	0.999	0.999
经济林的比重	0.577*	1.478	1.206	1.285	1.377	0.616
劳动力数量	1.017	1.106*	1.242***	0.962	1.150**	1.048
地块数量	0.990	1.004	0.994	0.997	1.022	0.962**
（3）经济与地理特征						
农村经济发展水平	0.783***	0.734***	0.800**	0.830***	0.785***	0.774***
通达程度	1.160**	1.107	0.869	0.910	1.124	1.147*
人口集中度	1.282***	1.205**	1.012	0.993	1.146*	1.162**
是否为山区	1.375	1.574*	3.057***	1.037	1.154	1.761***
是否为平原	1.060	1.001	1.153	1.162	0.893	1.326**
（4）林业经营特征						
林业收入占总收入的比重	1.110***	1.190***	1.248***	1.116***	1.264***	1.168***
林地经营资金的主要来源	1.036	0.739	1.147	0.860	0.641	0.695
是否获得林业补贴	2.105***	1.941***	2.421***	1.683***	1.960***	1.657***
（5）服务诱导因素						
当地是否提供相应的服务	1.511**	2.336***	1.917*	1.210	1.435	1.354*
是否加入林业专业合作社	0.890	0.752**	0.477***	0.749**	0.584***	1.296**
是否接受服务收费	2.192**	1.815***	2.511***	3.547***	1.586***	3.719***
是否存在政策困惑	1.543**					
是否经历技术困境		1.555***				
是否经历销售难的困境			2.543***			
是否经历资金短缺困境				2.405***		
是否经历病虫害等困境					2.033***	
是否发生林地流转						1.216
LR chi²	113.76	99.57	87.46	128.10	96.9	150.66
R^2	0.072	0.069 3	0.094 7	0.078	0.065 3	0.082 2

注：*、**、***分别表示在10%、5%和1%的水平上显著。

（2）结果分析。第一，服务诱导因素。服务诱导因素中农户是否加入林业专业合作社、当地是否提供相应的社会化服务、是否接受服务收费和是否经历过相应的困境对农户社会化服务具有明显的诱导作用。加入林业专业合作社是对林业政策咨询服务、林业良种及栽培技术服务、林业病虫害等"三防"服务、林业资产评估服务均产生正向影响，这一点与预期相反。林业专业合作社是农户获得服务信息的重要渠道，与未参加林业专业合作社相比，林业专业合作社的成员对林业社会化服务的需求意愿更为强烈一些。此结论进一步证实了孔祥智等（2010）、庄丽娟（2012）和程云飞等（2012）的观点，这主要源于农村农林专业合作社存在的一些共性问题：现有许多林业专业合作社普遍尚处于发展的初级阶段，存在发展不平衡、经营规模小、服务层次低、规范化程度不高、带动能力不强等问题，再加上林业专业合作社自身的服务手段、人员素质、技术水平等方面也存在不足，其发展水平和服务能力与林业生产经营者的服务需求之间仍有较大差距，一时难以满足农户的需求。当地是否提供相应的林业社会化服务对各类服务需求具有正向影响作用，有效的服务供给能明显刺激农户与之相对应的需求。例如，在当地提供林地政策咨询法律服务条件下，有此服务需求意愿的农户为 454 户，占 83%，比当地未提供该项服务的农户需求意愿占比高 14.41%。同样在当地提供林业良种及栽培技术服务条件下，有此服务需求意愿的农户为 576 户，占 82.64%，比当地未提供该项服务的农户需求意愿占比高 9.32%。此类影响同样发生在其他类型的社会服务需求中。是否接受收费服务反向显著影响农户的各类林业社会化服务需求，除林业资产评估服务外，服务收费会削弱农户对各类林地社会化服务的需求强度。调查结果显示，表示接受服务收费的农户中，对林业良种及栽培技术和林业病虫害等"三防"服务有需求的农户所占比重分别为 77.27%、88.28%；而不接受服务收费的农户中，这一比重分别为 78.59%、90.80%。在林业社会化服务体系建立初期，许多政府把林业社会化服务作为公益服务的一部分，为农户提供免费服务。当社会化服务收费以后，交易成本则会上升，一旦高于农户自己完成所有操作的单位生产成本时，农户的需求行为则不会发生。另外，农户对收费服务在接受程度上还需要一个过程。林业资产评估服务是林地资产变现过程中的一个特定阶段，只要林业资产评估组织的交易成本加流转收益能高于自己流转的收益，农户都会接受此类服务的收费。另外，是否经历过相应困境成为与之对应的农户需求的重要因素，这与本文预期一致。

第二，林地经营特征。在林地经营特征中，林业收入的比重和是否获得林业补贴对农户各类林业社会化服务需求有显著正向影响。林业收入比重越高，说明农户林地经营的专业程度越高，对各类林业社会化服务需求也会更强烈，从前人的研究结论（庄丽娟 等，2012；程云飞 等，2012）以及本研究的调查结果来看，经营丰产速生林和经济林是目前我国南方山区发展林业生产的主要途径。如，丰产油茶林对高产型、优质型或优良无性系品种用无性繁育方法培育苗木，可以保持其品种优良遗传特性；经营丰产速生湿地松对采脂技术和市场信息有一定要求和把握能力，这些都要求农户掌握一定的生产技术和市场信息。是否获得林业补贴有利于提高农户林地经营的积极性，并对农户林业经营效率呈正向影响（薛彩霞 等，2013；许佳贤 等，2014）。

第三，经济与地理条件。地形条件中，是否为平原对林业良种及栽培技术服务、林业病虫害等"三防"服务和林业资产评估服务的需求有影响；主要原因是山区地形的地区，林业资源非常丰富，他们依赖于传统祖辈"靠山吃山"的粗放经营方式，外界的信息与政策对山区的林业生产方式影响不大。区位条件中，在农村经济发展条件越好的地区，农民替代生计选择机会很多，从事林业生产的机会成本越高，对林业社会化服务的需求相对降低。通达程度对林业融资服务和林业病虫害等"三防"服务的需求同样有负向影响，在通达程度越好的地区农户对林业融资服务和林业病虫害等"三防"服务的需求越少。通达程度正向显著影响林业政策法律咨询服务的需求，意味着通达程度越好的地区，农户越需要林业政策法律咨询服务，他们会更关心林业政策法律变化，从中找到替代生存与事业发展的商机，比如投资购买林地、发展农家乐，从而达到增收致富的目的。因此，通达程度越好的地区农户对林业政策法律咨询服务的需求越强。除此之外，户主年龄对农户林业社会化服务中的林业融资服务和林业市场销售信息服务、林地地块数对林业资产评估服务需求均有负向显著影响，这一结论基本与应瑞瑶等（2014）的观点基本一致。户主文化程度对林业政策法律咨询服务以及家庭劳动力数量对农户林业良种及栽培技术服务、林业病虫害等"三防"服务和林业市场销售信息服务的需求均有显著正向影响。

3.1.6　结论与政策启示

在对农户林业社会化服务需求特征分析的基础上，构建二元 Logistic 模型，利用全国 8 个省（区）农户实地调查数据，就农户林地经营中的林业政策咨询服务、林业良种及栽培技术服务、林业病虫害等"三防"服务、林业融资服务、林业市场销售信息服务、林业资产评估服务等 6 类林业社会化服务的农户需求状况及其影响因素进行分析，结果表明：一是农户对林业社会化服务需求意愿从整体上来看是比较高的，总体上处于 75.26％。从农户的需求特征来看，首先是生产环节和销售环节中社会化服务需求更为强烈，其次为政策投资性的服务需求。二是林业社会化服务有效供给不足，总体上处于 41.4％，尽管在生产环节较为突出，但相对需求来说，供给总量明显不足。三是农户是否经历相应的困境和当地是否提供相应的服务对农户林业社会化服务需求产生了明显的诱导作用，林业专业合作社社员比非社员对林业社会化服务需求意愿更强，服务收费对农户林业社会化服务的需求具有明显抑制作用，农村经济发展水平、是否有林业补贴和林业收入比重成为影响农户林业社会化服务需求的主要因素。

基于以上结论，本文得出以下政策启示：第一，要进一步加快集体林权制度改革的配套改革步伐，完善林业社会化服务体系，强化社会化公益性服务的服务力度，增加林业社会化服务的有效供给能力，服务重点向欠发达的农村林区转移，以优质高效服务引导和激发农户需求意愿，逐步解决集体林区林业社会化服务需求短缺问题。第二，要努力提升林业专业合作社质量和水平，全面发挥林业专业合作社的服务功能，增加合作社社员的服务供给渠道，还要特别培育经营性服务的多元化主体，进而促进提升农户林业社会化服务需求的有效性和针对性，为建立和完善林业社会化服务体系创造稳定需求环境。第三，要更加重视林业生产环节和销售环节的社会化服务供给，不定期地开展林业生产技术培训和林产品销售经验交流，利用便捷方式向农户提供各类林业技术与市场信息，提升农户林业社会服务需求的理性决策能力。第四，要建立人性化的林业社会化服务对象选择机制，针对农户需求特征的不同，采取不同的林业社会化服务推广策略，提高林业社会化服务工作的针对性和有效性。

3.2　劳动力转移对农户林业社会化服务需求的影响

3.2.1　研究意义

农村劳动力转移一直是关系农村发展和农业生产不可忽视的话题。一方面，农民工转移就业一直居高不下，在 2016 年农民工增速有所回暖，全年农民工总量 28 171 万人，比上年增加 424 万人，增长 1.5％。其中，本地农民工 11 237 万人，增长 3.4％；外出农民工 16 934 万人，增长 0.3％。另一方面，中国城镇化进程加速了农村劳动力的转移，2016 年，我国城镇化率达到了

57.35％，城镇常住人口7.929 8亿人。还有农村扶贫易地搬迁工程，基本明确了约981万建档立卡贫困人口易地搬迁人数，也成为农村劳动力转移不可忽视的力量。农村劳动力逐渐在向城市、向非农就业转移，在众多研究者认为人口红利不存在的情况下（蔡昉，2010），导致农村劳动力不足而引起劳动力成本迅速上升，已成为制约农村农业生产的一个重要因素。

为了解决农业生产中劳动力不足和劳动力成本上升的问题，党十八大报告明确提出要着力"构建集约化、专业化、组织化、社会化相结合的新型农业经营体系，发展多种形式的社会化服务"，党的十七届三中全会明确了"构建新型农业社会化服务体系"的方向、任务和重点，2017年中央1号文件将完善农业社会化服务体系、提升农业社会化服务供给能力和水平。林业社会化服务体系作为我国新型农业社会化服务体系建设的重要组成部分，国家林业局2015、2016、2017年工作要点连续指出"要建立、健全林业社会化服务体系"。因此，研究和探索农村劳动力转移是否有助于驱动我国林业社会化服务供求均衡服务体系完善，对于完善我国农业基本经营制度、深化农村农业经营制度改革具有重要的意义和价值。

3.2.2 研究进展

对于林业社会化服务方面的研究在国际上已有相关学者作了一些深入的研究，并且得到了一些有价值的成果。国内外学者目前更多关注于农业社会化服务需求方面，从需求的视角，主要有产前的种子服务、产中的技术服务和产后的销售服务。林业社会化服务体系要建立不以营利为目的的林业协会，主要是帮助小规模林业经营者适应市场竞争，给林业经营者提供林业生产经营的全方位信息和指导（Stocks and Martell，2016）。在美国，林业社会化服务体系分为政府和中介组织两部分内容，政府主要是通过林业技术推广、林业教育和林业科研三个方面进行现代林业服务社会化建设体系（Toppinen and Berghäll，2013），而不提供财政援助（O'Herrin and Shields，2016）；中介组织负责与政府和市场沟通，保护私有林经营者的利益（Glicksman，2014），为林场主提供有偿服务（Kenefic L S，2017）。芬兰成立林主协会为林主提供有偿服务，服务项目包括提供供销和技术信息、制定森林经营方案、帮助林主进行采伐作业及造林更新（Palo and Lehto，2012）。荷兰、丹麦则通过林业合作经济组织，为人们尤其是弱势群体提供服务，使其通过互助达到自助服务（孔祥智 等，2008）。整体上看，大多数发达国家都构建了较完善的林业社会化服务体系，并且离不开政府提供更多公益性极强的林业服务。

　　已有一些研究对国内农村社会化服务进行了一些关注，研究成果主要集中有农业社会化服务方面。农户对农业技术服务需求与供求处于不平衡现象（王瑜 等，2007），且在今后相当一段时期内面临的主要问题是农业社会化服务供给不足，在欠发达地区尤为明显（朱述斌 等，2015），因此，在当前呼吁利用"服务规模化"来对接分散小规模生产者，形成生产小规模、服务大规模的农业规模经营模式，因此，建设农业专业化服务体系尤为紧迫（黄祖辉，2015；陈义媛，2017）。同样的问题也存在林业社会化服务领域中，新一轮集体林权制度改革之后，农户作为林地承包经营权的主体地位基本被确立，从事林地生产的积极性也明显提高。然而，农户在林地经营中遇到许多实际困难，例如缺少先进实用技术、林产品销售困难、缺乏经营资金、害怕政策不稳定等问题（孔凡斌 等，2014），这些问题和困难在一定程度上提升了农户对林业社会化服务需求的急迫性，特别是对林业生产环节的社会化服务需求，类似的研究还有关于广东省荔枝生产者的农业生产性服务需求意愿（庄丽娟 等，2011），以及油茶种植业农户对不同属性技术的需求及其影响因素（王浩和刘芳，2012）。但目前研究来看，林业社会化服务的供给能力较低，其中生产环节的尤为明显（廖文梅 等，2016），供求结构差异较大并呈现各区域差异（李宏印和张广胜，2010）。主要源于林业服务机构的服务范围过小、林业合作组织数量太少、林业社会化服务的资金投入不足，以及定位不清、权责不明、服务主体和方式供给单一、供给内容较少、服务功能薄弱、制度不健全等问题（耿黎，2014；孔凡斌，2017），供应组织的内部治理是影响社会化服务供给有效性的重要因素（Ragasa 等，2014）。

　　在农户社会化服务需求的影响因素方面，农户的受教育年限、林业收入占比和家庭收入、农户是否参与合作组织及住所到城镇的距离对农户种苗服务有显著影响（程云行 等，2012）。也有研究把林业社会化服务作为影响农户经营决策行为的重要因素，并认为是否接受技术培训等社会化服务对农户经营非木质林产品行为的影响显著（薛彩霞 等，2014），是否参加林业合作组织正向影响农户科技采纳行为（廖文梅 等，2015）。关于劳动力转移对农村社会化服务的影响研究，展进涛（2009）认为总体劳动力转移程度越高的农户对农业技术的需求越小，但是耿黎（2014）则持相反意见，其认为农村劳动力的大量转移，农业生产者数量不断减少，部分农户凭自身或家庭难以完成农业生产活动，会促进对农业生产服务的需求不断增加，追求服务规模化来克服要素不足或分散而带来的经营瓶颈。

在研究方法上，已有研究所使用的模型主要采用 Logit 模型、Probit 模型和 Tobit 模型等单一方程来估计农户的社会化服务需求行为及其影响因素，这些方法往往是假定农村社会化服务市场为完全竞争市场，有许多的需求方和许多的供给方，同时存在社会化服务的完全配给，农户采纳林业社会化服务的行为，完全只受到农户自身是否需求决策的影响，而忽视了有些农户有林业社会化服务的需求、但无林业社会化的配给，另外，还有部分没有林业社会化的配给农户本身就没有需求。相比之下，联立方程双变量 Probit 模型能较好地回避单一方程的缺陷，解决有效需求和有效供给匹配问题（黄祖辉 等，2009），针对需求和供给相互关系的四种结果，双变量 Probit 模型能识别"有需求、有供给"、"有需求、无供给"结果进行识别，其估计具有更高的效率。因此，本文选择需求可识别双变量 Probit 模型进行分析，这对该领域研究方法的运用和发展有重要的意义。

3.2.3　理论基础及指标选择

（1）理论基础。大量农村劳动力向异地城镇转移或就地非农转移，尽管当前我国是否还存在劳动力富余还存有争议，但是我国农村劳动力短缺，供需市场形势趋于紧张，从而引起农村劳动力价格上涨，成为不争的事实（盖庆恩 等，2014），并已对我国的劳动力密集型农业的生产产生一定的负向影响，特别是男性和壮年女性的转移不仅会提高农户退出农业的概率，而且也增大兼业农户家庭农地流出的概率（盖庆恩 等，2015）；农村劳动力大量转移，农村农林业生产者数量不断减少，一方面，劳动力转移后带来的"资金回流"所产生的替代效应会降低农村劳动力的依赖；另一方面，由于劳动力的转移会带来农户林业生产的成本升高，当农户生产的边际成本高于其边际收益时，农户便会放弃林业投入；当生产的边际成本低于其边际收益时，有劳动力转移的农户会有两种现象：一是从事农业生产的劳动力的科学素质降低，农户决策更倾向于保守，减少生产要素的投入，采用粗放的传统生产方式；二是随着农户转移劳动力人数增加时，非农林收入占家庭总收入的比重也随之增长，为了规避劳动力价格上涨带来高生产成本，而进行生产经营组织创新（李宾 等，2014），如加入林业合作社，寻求社会化服务、或直接采用服务外包，把劳动力投入较大的林业栽种、喷药、采运环节和销售环节转包给林业社会化服务组织，特别是农户凭自身或家庭难以完成、或技术含量较高的生产活动，从而对林业社会化服务的需求就会不断地增加。但劳动力转移终会带给林业社会化服务的有效需求是增加还是减少，还有待于进一步研究分析。

分工和专业化被古典经济学视为劳动效率提高的重要源泉，林业社会化服务本质上属于专业分工的范畴，也是技术进步和社会分工的结果。由于专业化可以提高生产效率，农户将原来由自己操作的生产环节逐步地转移出去，交给更专门的服务组织（或个人）去完成。在追求个人效益最大化的前提下，农户面临的是生产和交易两种选择。农户选择生产时就意味着所有环节都自己操作，那么其将会支付高昂的生产成本。农民选择交易则是选择专业化的生产方式，把一部分不适合自己完成的生产环节交给专门的服务组织（或个人）去完成，如果耗费的交易成本低于自己的生产成本，农民就会希望得到该类服务，刺激了农户对服务的需求。当前林业社会化服务的部分内容具有公共品属性，病虫灾的防治等仍主要由政府所属部门提供，导致其服务过程具有非竞争性和排他性，较低的投资回报率难以吸引社会渠道的投资，而政府主体对林业社会化服务的投入不足（耿黎，2014），总体上我国林业社会化服务供给能力偏低，林业社会化服务供求市场发育不全。农户林业社会化服务的有效需求来自两个方面：一方面，农户对林业社会化服务的需求行为，即农户是否需要林业社会化服务，并需求什么类型的社会化服务；另一方面，农户林业社会化服务组织的可获得行为，即农户在多大的程度上能获得其需要的服务。

（2）指标设置。从理论上讲，农户林业社会化服务需求有两类：第一类已经获得林业社会化服务的农户，第二类是未获得林业社会化服务、但实际上是有需求的潜在农户。后一类又分两种，一种当地没有该类社会化服务的供给，另一种是当地有该类社会化服务的供给，但因为交易成本、风险、价格、服务等原因没有进行交易。以此，把未获得林业社会化服务、但实际上有需求的潜在农户都界定为农户有林业社会化服务的需求，在此基础上确定需求方程的因变量，有林业社会化服务需求的第一类和第二类农户都取值为1，反之取值0。供给方程中因变量，以获得林业社会化服务的农户设置为1，反之取值0。

从林业社会化服务的需求来看，劳动力转移是否能促进农户林业社会化服务有效需求的形成，很多研究重点关注劳动力转移的数量，劳动力转移的数量直接影响农村林业生产的劳动力数量、造成农村劳动力数量的短缺供给，展进涛等（2009）的研究认为总体上劳动力转移程度越高的农户对农业生产技术的需求越小，显然也会对生产技术服务的需求越小。

除此之外，不同性别的转移数量均为劳动力转移的异质性特征。对于不同类型劳动力之间的生产效率存在差异，国内许多研究普遍男性劳动力的生产效率要高于女性类型（Thapa，2008），认为男整劳、女整劳的生产效率指数分别为 1.0 和 0.75（许庆 等，2011），国际上也有相似的研究，如 Udry（1996）的研究认为由女性控制的农场比男性控制的农场低于 6%，Petersen 等（2007）通过对美国、挪威和瑞典同行企业的工人比较研究得出结论，在瑞典、美国、挪威，男性的生产效率比女性分别高 1%、2%、3%。因此，本研究在劳动力转移的数量分析基础上将劳动力转移的数量分解为男性和女性劳动力转移数量，验证劳动力转移的性别差异是否在影响林业生产环节社会化服务的需求上有显著不同。

服务诱导指标设计。①林业收入占总收入的比重。无论是林业生产环节社会化服务的需求方面还是供给方面，都存在自变量的内生性问题，有些研究为了"消除"自变量内生性问题，往往回避选择资产、收入和消费等与农户决策行为存在着最密切的关系，因为收入既可以反映农户经济活动的主要类型及其内部的结构特征，将农户收入及其构成的信息纳入决策分析中极为重要（黄祖辉 等，2009）。在需求方程中，本文重点考虑林业经营收入，而不考虑农业收入、非农收入和工资收入。林业收入是直接影响农户林业经营决策行为的重要因素，如果将林业收入直接放入模型，内生性问题不可避免。因此，采用林业收入占总收入的比重作为代理指标。一般而言，林业经营收入占总收入的比重越高，意味着林业集约经营的可能性越大、对林业生产环节社会化服务的需求程度越高。②农户经营过程中的困难经历。林地经营过程中是否有遇到的技术问题、病虫等危害、政策不稳定、资金不足、销售困难等经历对农户相应的社会化需求也具有诱导作用（应瑞瑶 等，2014），也是检验农户风险承受能力的重要指标。③是否参与林业专业合作社。农户可以通过林业专业合作社获取更多的服务信息或服务内容，也是影响农户某种服务搜寻成本的重要因素之一（庄丽娟 等，2011）。④是否接受收费服务。构建林业社会化服务体系，需要大力培育发展多元化服务主体，强化农村公益性服务体系和培育农村经营性服务组织，除了提供公益性免费服务的同时，新型的经营性收费服务市场是培育发展的重点。

其他的控制指标设计。不同经济地理的社会、经济、文化环境等各不相同，林业经营水平也会存在差异，自然也影响农户的需求（王浩 等，2012）。地形和区位因素是反映经济地理条件的一种重要指标。地形和区位因素对农户林业投入产出水平有着重要影响（孔凡斌、廖文梅，2014），进而也会造成农户林业社会化服务需求差异性影响，已是学术界和政府部门的共识。区位因素采用农村经济发展水平、该村的通达程度和人口集中度来反映，地形因素采用山区、平原和丘陵来衡量。

农户户主特征和家庭特征有：户主年龄、文化程度、家庭规模（人口数量）、林地规模（林地面积）、林地细碎化程度（林地地块数）。户主年龄越大和文化程度越低，接受新事物的能力偏低，其对林业社会化服务的需求和获得的水平也会随之降低。家庭规模越大，即人口数量越多，对林业或农业收入依存度会越高，林业社会化服务的需求也会增强。农户林地规模越大，林业社会化服务的需求和获得性也会增加。但林地细碎化程度越高，会导致林地生产成本和服务效率降低，因此，均会降低农户对林业社会化服务的需求和可获性。

3.2.4 研究方法与数据来源

（1）研究方法。决策行为主体经常面临二项选择的问题，本文利用双变量 Probit 模型讨论农户对林业社会化服务需求和供给情况。林业社会化服务需求与供给之间存在 4 种组合：有该类服务的需求、有该类服务的供给，有该类服务的需求、无该类服务的供给，无该类服务的需求、有该类服务的供给，无该类服务的需求、无该类服务的供给。设定 Y_D 和 Y_S 分别表示上述两种行为，$Y_D=1$ 表示农户有该类服务需求，$Y_D=0$ 表示农户没有该类服务的需求，$Y_S=1$ 表示农户有获得该类服务的供给（简称为供给），$Y_S=0$ 表示农户没有获得该类服务的供给。因此，可以形成 4 种情形 (1，1)、(1，0)、(0，1)、(0，0)，上述结果均可以通过调查问卷获得。通常，现实只能观察到 (1，1) 的结果，其余 3 种情况无法直接观察到。

用 Y_D^* 和 Y_S^* 分别表示农户林业社会化服务需求和供给的潜在变量，其表达式为：

$$Y_D^* = \beta_D X_D + \varepsilon_D$$
$$Y_S^* = \beta_S X_S + \varepsilon_S$$

(3-3)

式中，X_D 和 X_S 分别表示影响农户林业社会化服务需求和供给的外生变量，β_D 和 β_S 是待估参数，误差项 ε_D 和 ε_S 服务联合正态分布，记为 ε_D，$\varepsilon_S \sim BVN\ (0, 0, 1, 1, \rho)$，其中 ρ 是 ε_D 和 ε_S 的相关系数，Y_D^* 和 Y_S^* 是不可观察的，它们与 y_D 和 y_S 的关系如下：

$$Y_D = \begin{cases} 1, & \text{当 } Y_D^* > 0 \\ 0, & \text{当 } Y_D^* \leqslant 0 \end{cases} \qquad Y_S = \begin{cases} 1, & \text{当 } Y_S^* > 0 \\ 0, & \text{当 } Y_S^* \leqslant 0 \end{cases}$$

(3-4)

假设 P 为农户林业社会化服务需求的虚拟变量，$P=1$ 表示农户获得了林业社会化服务；$P=0$ 表示农户没有获得该类林业社会化服务。P 与 Y_D 和 Y_S 的关系为：

当 $Y_D=1$ 且 $Y_S=1$ 时，则 $P=1$，即农户获得了该类林业社会化服务，才为农户该类林业社会化服务的有效需求；当 $Y_D=0$ 且 $Y_S=0$，则 $P=0$，表示农户未获得该类林业社会化服务。针对没有林业社会化需求的农户，无法观察到林业社会化服务组织是否能提供服务，只有供需的联立方程中，需求部分才能被识别到，可以表示为：

需求方程：$P(Y_D=1)=P(Y_D^{*}>0)=P(-X_D\beta_D<\varepsilon_D)$ （3-5）

供给方程：$P(Y_S=1\mid Y_D=0)=P(Y^{*}>0)=P(-X_S\beta_S<\varepsilon_S)$

（3-6）

采用极大似然估计法对上述两个方程进行联合估计，得到对数似然函数为：

$$\ln L(\beta_D,\ \beta_S,\ \rho)=\sum_{i=1}^{n}\begin{cases}Y_DY_S\ln\Phi_{BN}(X_D\beta_D,\ X_S\beta_S,\ \rho)\\+Y_D(1-Y_S)\ln[\Phi(X_D\beta_D)\\-\Phi_{BN}(X_D\beta_D,\ X_S\beta_S,\ \rho)]\\+(1-Y_D)\ln\Phi(-X_D\beta_D)\end{cases}\quad(3\text{-}7)$$

其中 $\Phi(\cdot)$ 是一元累积正态分布函数，$\Phi_{BN}(\cdot)$ 是二元累积正态分布函数。

（2）数据来源。数据来源于 2012 年对江西、河南、四川、浙江、福建、湖南、广西、贵州 8 个省区农村林业经营户的入户调查。每个省（区）中的林区县随机抽取 2 个县，每个县随机抽取 3 个乡镇，每个乡镇随机抽取 3 个村，每个村随机抽取 15 个农户，随机抽取的农户不在家的，采用偶遇方式进行补充，偶遇无法补充则放弃这一农户的调查。此次调查收回问卷 1 780 份，在数据整理过程中严格剔除缺失数据的样本后，实际有效样本为 1 407 个。

（3）变量统计描述。通过调查发现，在林业生产环节，农户最为关心的服务需求种类为良种供给服务、栽培技术服务、病虫害防治技术服务、火害和偷盗行为的防范服务等，为了在统计上的处理方便，把上述需求归为两种类型：林业良种及栽培技术服务、林业病虫害等"三防"服务。因此，把是否有林业良种及栽培技术服务、林业病虫害等"三防"技术服务的需求和供给（可获性）作为需求方程和供给方程的被解释变量。农户有林业良种及栽培技术服务、林业病虫害等"三防"技术服务需求的取值为 1、反之取值为 0，农户能获得林业良种及栽培技术服务、林业病虫害等"三防"技术服务供给的取值为1、反之为0，具体如表3-4所示。

表3-4 被解释变量定义及统计描述

变量名	定义	变量解释	有需求 $Y_D=1$	获得供给 $Y_S=1$	有效需求 ($Y_S=1$ 若 $Y_D=1$)	潜在需求 ($Y_S=0$ 若 $Y_D=1$)
			频次，占比	频次，占比	频次，占比	频次，占比
Y_1	林业良种及栽培技术服务	是=1，否=0	1 099 78.11%	693 49.25%	575 52.32%	524 47.68%
Y_2	林业病虫害等"三防"技术服务	是=1，否=0	1 262 89.69%	971 69.01%	892 70.68%	370 29.32%

根据表3-4所示，农户对林业病虫害等"三防"技术服务、林业良种及栽培技术服务的需求愿意比较强烈，分别占样本总数的89.69%、78.11%。有效需求即在林业社会化服务需求为1（$Y_D=1$）的条件下，农户获得林业社会化服务（$Y_S=1$）的情况。从表3-5来看，农户林业良种及栽培技术服务、林业病虫害等"三防"服务的有效需求比例分别为52.32%、70.68%，由于各地政府建设了较完善的"三防"体系，并把"三防"体系中的部分服务纳入公益性服务的范围，因此，其有效需求比例处于较高水平。

表3-5 农户家庭劳动力转移数量与林业社会化服务的有效需求描述

变量名	数量	总体户数	男性转移户数	女性转移户数	有效林业良种及栽培技术服务需求 比数	有效林业良种及栽培技术服务需求 比例（%）	有效林业病虫害等"三防"技术服务需求 比数	有效林业病虫害等"三防"技术服务需求 比例（%）
	0	372	450	651	153/276	55.43	213/313	68.05
	1	271	646	559	113/220	51.36	171/244	70.08
	2	431	285	162	187/342	54.68	300/401	74.81
劳动力转移的数量	3	208	25	31	76/163	46.63	132/190	69.47
	4	98	1	4	36/79	45.57	61/91	67.03
	5	24			8/16	50.00	13/20	65.00
	6	3			2/3	66.67	2/3	66.67
	总计	1 407	1 407	1 407	575/1 099	52.32	892/1 262	70.68

调查的农户中，家庭劳动力转移数量为0、1、2、3人，分别有372户、

271 户、431 户、208 户，家庭劳动力转移数量为 2 名的农户占多数。劳动力转移数量中性别差异较为明显，占比较多是仅有 1 名男性劳动力流转的农户户数和无女性劳动力流转的农户户数，分别为 646 户和 651 户。各类社会化服务的有效需求占比以家庭转移数量为 2 人的居高，如获得林业良种及栽培技术服务供给的农户户数为 187 户，其中存有需求的农户为 342 户，占比 54.68％。其他的被解释变量由户主和家庭特征、经济与地理特征、林地经营特征与服务诱导因素等构成，主要解释哪些因素致使农户林业社会化服务供给与需求存在差异，其名称、定义、变量解释、均值及方差具体见表 3-6。

表 3-6　解释变量定义及统计描述

变量名	变量定义	变量解释	均值	方差
（1）户主家庭特征				
年龄	实际调查数据（岁）		52.57	10.31
文化程度	实际调查数据（年）		7.26	2.69
林地面积	实际调查数据（亩）		31.94	89.11
劳动力数量	实际调查数据（人）		2.78	1.17
林地地块数量	实际调查数据（块）		2.79	4.61
（2）经济地理特征				
农村经济发展水平	1＝＜3 000；2＝3 000～3 999；3＝4 000～5999；4＝6 000～6 999；5＝7 000～9 999；6＝＞9 000		3.59	1.33
通达程度	偏远＝1，中等＝2，近郊＝3		1.73	0.79
人口集中度	低度＝1，中低度＝2，中高度＝3，高度＝4		2.43	1.00
是否为山区	是＝1，否＝0		0.57	0.49
是否为平原	是＝1，否＝0		0.10	0.30
（3）服务诱导因素				
林业收入占总收入的比重	实际调查数据（％）		19.79％	0.294
是否加入林业专业合作社	是＝1，否＝0		0.15	0.37
是否接受服务收费	是＝1，否＝0		0.12	0.32
是否经历技术困境	是＝1，否＝0		0.44	0.50
是否经历病虫害等困境	是＝1，否＝0		0.43	0.49

需求进一步说明的是，表 3-6 中样本地区的地形条件可分为山区地形、

丘陵地形和平原地形三类，区位等级（因素）是反映经济地理条件的一种重要指标，本研究区位条件采用农村经济发展水平、人口聚集度和通达程度三个指标来衡量，通达程度采用样本村镇到中心城镇的距离来衡量，依此划分为近郊、中等通达、偏远三种类型，依据详见孔凡斌、廖文梅（2014）的相关研究。

3.2.5 模型估计及结果分析

（1）模型估计结果。基于1 407户农户调查数据，运用 Stata 11.2 统计软件，定量检验劳动力转移对农户林业社会化服务有效需求的影响，同时定量分析劳动力转移、服务诱导、经济地理和户主家庭因素对农户林业生产环节社会化服务需求的影响，估计结果如表3-7所示。模型（1）和模型（2）为林业良种及栽培技术服务需求影响因素的回归结果，模型（3）和模型（4）为林业病虫害等"三防"技术服务需求影响因素的回归结果。模型（1）和模型（3）中的劳动力转移指标为劳动力转移数量和户主是否转移，模型（2）和模型（4）将农户劳动力转移的数量分解为男性劳动力转移数量和女性劳动力转移数量，4类模型的回归结果整体上是非常显著的。

（2）结果分析。第一，劳动力转移的数量影响农户林业生产环节社会化服务供求影响。从表3-7需求方程的估计结果来看，劳动力转移的数量和户主是否转移显著影响农户林业生产环节社会化服务的需求。劳动力转移的数量均对农户林业良种及栽培技术服务、林业病虫害等"三防"技术服务的需求有着负向的显著影响，即家庭劳动力转移的数量越多，农户对于林业生产环节社会化服务的需求意愿会减弱，这就意味着农户家庭的就业重心在向非农转移，农户对农业的依存度随着户主的非农转移而下降，在达到一定程度时则彻底地退出农业。然而，户主是否转移正向影响农户林业生产环节社会化服务的有效需求，在农村，户主属于家庭中主要的决策者、也是非常重要的劳动力，一旦户主进行了转移，家庭的主要劳动力出现缺失，农户则想寻求专业化的社会化服务来完成林业生产环节的任务。从供给方程来看，相关系数显著的，这表明需求方程显著影响供给方程，虽然林业生产环节社会化服务的供给会受到政府政策等影响，但是从营利组织的利润最大化角度来看还是建立在农户的需求之上。农户户主是否转移和劳动力转移的数量仅对农户获得林业良种及栽培技术服务的供给有显著影响，其影响的方向正好与需求方程相反。农户户主是否转移在1‰水平上反向显著影响农户获得林业良种及栽培技术服务，户主转移往

表 3-7　农户林业社会化服务需求的影响因素估计结果

变量	林业良种及栽培技术服务 (FSCTS)				林业病虫害等"三防"技术服务 (FIPFPS)			
	模型 (1)		模型 (2)		模型 (3)		模型 (4)	
	DE (1)	SE (1)	DE (2)	SE (2)	DE (3)	SE (3)	DE (4)	SE (4)
(1) 户主和家庭因素								
年龄	-0.020	-0.038	-0.042	0.001	0.029	0.046	-0.029	-0.042
文化程度	0.014	0.116**	0.020	0.109**	-0.046	0.062	-0.033	0.006
林地面积	-0.001	0.001*	-0.001	0.001*	0.001	0.001	0.001	0.001
劳动力数量	0.131**	0.088*	0.066	0.091**	0.189***		0.050	
林地地块数量	-0.002	-0.028**	-0.001	-0.032**	-0.003	0.011	-0.001	0.012
(2) 经济地理因素								
农村经济发展水平	-0.152***	0.162***	-0.141***	0.139**	-0.087**	0.261***	-0.061	0.271***
通达程度	-0.045	0.106**	-0.042	0.107**	0.099	0.132***	0.101	0.134***
人口集中度	0.128***	0.088*	0.123***	0.091**	0.013	-0.071*	0.005	-0.072*
是否为山区	0.246	-0.199	0.247	-0.188	0.583***	-0.340***	0.570***	-0.341***
是否为平原	-0.032	-0.221***	-0.038	-0.205**	0.049	-0.137	0.033	-0.141
(3) 服务诱导因素								
林业收入占总收入的比重	0.110***	-0.015	0.109***	-0.014	0.110***	-0.081***	0.106***	-0.081***

（续）

变量	林业良种及栽培技术服务（FSCTS）				林业病虫害等"三防"技术服务（FIPFPS）			
	模型 (1)		模型 (2)		模型 (3)		模型 (4)	
	DE (1)	SE (1)	DE (2)	SE (2)	DE (3)	SE (3)	DE (4)	SE (4)
是否加入林业专业合作社	0.412***	0.299***	0.410***	0.300***	0.479***	0.197*	0.471***	0.199*
是否接受服务收费	0.509***	0.165	0.507***	0.156	0.304*	-0.127	0.295*	-0.124
是否经历技术困境	0.176**	0.056	0.173**	0.052				
是否经历病虫害等困境					0.333***	-0.138*	0.322***	-0.138*
(4) 劳动力转移因素								
Tran_h	0.255**	-0.401***	—	—	0.616***	0.161	—	—
Tran_n	-0.103*	0.066*	—	—	-0.124*	-0.040	—	—
Tran_b	—	—	0.042	-0.159**	—	—	0.172**	0.030
Tran_g	—	—	-0.064	0.097**	—	—	0.012	-0.032
con.	0.228	-0.540**	0.397	-0.569***	0.698*	0.298	1.080***	0.514*
相关系数	0.234***		0.222***		0.302***		0.294***	
卡方值	175.81		164.61		191.21		179.01	
极大拟然值	-1 573.57		-1 579.54		-1 194.180		-1 201.19	

注：DE (1)、DE (2)、DE (3)、DE (4) 为需求方程，SE (1)、SE (2)、SE (3)、SE (4) 为供给方程。

往会带来决策主体的缺失，农户在面对良种及栽培等新技术时，会导致农户对社会化服务是否采纳决策、或采纳程度上判断的犹豫不决，而影响农户获得林业良种及栽培技术服务；而劳动力转移的数量则在5％边际水平上正向显著影响农户获得林业良种及栽培技术服务，当劳动力转移的数量越多，意味着非农收入的比例越大，在支付服务的费用上占绝对的优势。

第二，劳动力转移的性别异质性对农户林业生产环节的社会化服务供求的影响。劳动力转移的性别异质性对农户林业生产环节的社会化服务需求和可获性影响存在显著差异。在需求方程中，农户男性劳动力转移的数量显著正向影响着农户林业病虫害等"三防"技术服务的需求程度，林业病虫害防治要包括：涂白埋土、森防打药、农药喷洒、盛药盛水等重力和苦力活，男性作为主要体力劳动力，其转移给家庭林业病虫害防治带来较大困难，因此，对农户林业病虫害等"三防"技术服务的需求程度会随着男性劳动力转移数量而增加。在供给方程中，农户男性和女性劳动力转移的数量都在5％水平上显著影响农户获得林业良种及栽培技术服务，说明转移劳动力的性别差异在农户林业良种及栽培技术服务需求上无显著差异，但是在服务供给上有比较显著的差异，主要源于男性和女性劳动力在接受林业良种及栽培技术的能力上具有较明显的差异，且男性劳动力的接受能力会高于女性劳动力。研究证明在社会分工中男性劳动参与率高于女性（盖庆恩 等，2014）。因此，在农林业生产中承担着更主要的劳动角色的男性劳动力转移数量越多时，采纳林业良种及栽培技术服务的程度也低；女性劳动力转移数量的影响则呈相反趋势。

第三，服务诱导因素对农户生产环节的林业社会化服务供求的影响。需求方程中的显著影响因素中，诱导因素中农户林业收入占总收入的比重、是否加入林业合作社、是否接受收费服务、是否经历相应的困境正向显著影响农户林业生产环节社会化服务的两项需求。农户林业收入占总收入的比重越高，对林业经营的依赖程度越高，农户林地经营的专业程度越高，对各类林业社会化服务需求也会更强烈。是否加入林业专业合作社、是否接受收费服务和是否经历相应的困境对林业良种及栽培技术服务、林业病虫害等"三防"服务的需求均产生正向影响，说明农户的林业社会化服务需求正在向专业化、市场化方向转变，基本与廖文梅等（2016）实证结果相一致。供给方程中，诱导因素中是否加入合作社正向显著影响农户获得林业生产环节社会化服务，林业收入占总收入的比重反向影响着农户获得林业生产环节社会化服务，对林业病虫害等"三防"技术服务可获性的负向影响更为明显。2014年出台《国家林业局关于促进农民林业专业合作社发展的指导意见 》中强调"支持农民林业专业合作社承担林木优良品种（系）选育及林木高效丰产栽培技术"，"各地应将农民林业专业合作社的森林防火、林业有害生物防治、林区道路建设等基础设施建设纳入林业专项规划，优先享受国家各项扶持政策"。因此，参与林业专业合作社的农户更易获得林业社会化服务。一般而言，林业经营收入占总收入的比重越高，意味着林业经营收入的依赖程度越大，从供给方来看，林业经营收入占总收入的比重越低的农户收入渠道越多，支付能力越强，该类服务的可获得性就越高。

第四，经济地理因素和农户特征因素。需求方程中，经济地理因素中的农村经济发展水平、人口集中度和农户特征中的家庭人口数对农户林业良种及栽培技术服务需求的显著影响方向存在差异，平原地形显著影响林业病虫害等"三防"服务，其研究结论与廖文梅 等（2016）相一致，对其的解释在此不再重复。供给方程中，经济地理因素中农村经济发展水平、通达程度、人口集中度均显著影响农户获得林业生产环节的社会化服务。农村经济发展水平和通达水平越高，林业生产环节的社会化服务建设水平越高，该类服务的可获性就随之升高；人口集中度正向影响农户获得林业良种及栽培技术服务、反向影响农户获得林业病虫害等"三防"服务。户主文化和林地面积正向影响农户获得林业良种及栽培技术服务，经营面积规模越大，服务的规模效应越明显，农户越容易获得林业良种及栽培技术服务。但是林地的细碎化程度越高，提高林业良种及栽培技术服务成本越高，降低了农户林业良种及栽培技术服务的可获性，这一点与廖文梅等（2015）的研究结论相一致。但这些农户特征因素几乎对农户获得林业病虫害等"三防"服务没有显著影响。

（3）结论与建议。农村劳动力的大规模转移是中国近 30 年经济发展的需要，劳动力资源的再配置对中国经济增长、城市建设、提高农户收入等都有显著作用。同样，劳动力转移对农户林业社会化服务需求的影响也是显而易见的。本文在对农户劳动转移和林业生产环节社会化服务现状分析的基础上，构建双变量 Probit 模型，利用全国 8 个省（区）农户实地调查数据，以生产环节的林业良种及栽培技术服务、林业病虫害等"三防"服务为例，探讨劳动力转移对农户林地社会化服务需求、供给（可获性）的影响，结果表明：第一，林业生产环节中的社会化服务可获性程度低，其中农户林业良种及栽培技术服务的可获性更低，既有供给方面的原因，如林业社会化服务倾向于供给劳动力数量较多、经济发展水平较高、林地通达条件好、林地面积较大的农户，也有需求方面的原因，如林业收入比重较低、没有经历技术困境的农户对林业社会化服务的需求也低。第二，劳动力转移数量对农户林业社会化服务需求产生了不利的影响，但却显著提高了林业社会化服务的可获性，而户主是否转移对林业社会化服务需求和可获性的影响正好与劳动力转移数量影响方向相反。第三，劳动力转移的性别异质性对农户获得林业社会化服务有显著差异。男性劳动力转移数量负向显著影响农户林业良种及栽培技术服务的可获性，却刺激了农户对林业病虫害等"三防"技术服务的需求；女性劳动力转移数量对林业良种及栽培技术服务需求与可获性的影响与男性正好相反。第四，收费服务引导林业社会化服务朝市场化方向发展，加入林业合作社能较好地同步匹配农户社会化服务需求与可获性之间的关系。第五，林业生产环节社会化服务供求的影响因素存在程度和方向上的差异，是造成服务供求不平衡的重要原因。研究结果来看，农村富余劳动力基本转移完毕，进一步转移的数量正在降低农户林业生产环节社会化服务的需求，意味着降低农户对林业经营的依存度，从而影响着农户林业生产，不利于林地经营效率的提升，也将使林地经营面临再次被粗放化的风险。

　　基于以上结论，提出以下对策建议：一是要进一步健全林业社会化服务体系，着力提高林业社会化服务的供给能力建设。完善林业专业合作社制度，既克服单个家庭劳动力转移后所带来的林业生产劳动力供给不足问题，又能促使林业专业合作社完善林业社会化服务供给的能力。二是加快林业社会化服务的专业化、规模化和市场化的步伐，形成林业生产小规模、服务大规模的林业规模经营模式，在一定程度上可以克服林地细碎化、兼业化带来生产成本高、产品市场弱化等问题。三是鼓励农户对因劳动力转移而出现撂荒、经营管理不善的林地进行适度规模化流转，扩大林地经营规模化，减缓农村劳动力转移后所导致农户林业社会化服务需求下降的趋势，提高林业社会化服务的供给服务效率。四是加快提高林业社会化服务能力水平的建设，建设过程要向农村经济发展水平和通达程度较低的地区倾斜，更加注重潜在需求的农户特征。

3.3　林地细碎化对农户林业科技需求的影响

3.3.1　研究意义

　　随着城镇化、工业化进程的加快，农村劳动力向非农部门大规模快速转移，使得农村劳动力数量和素质呈现整体下降趋势，林业科技在林业生产中的推广和应用也受到影响。尤其是在集体林权制度改革之后，林地经营权分散到千家万户，农户成为林地经营的主体，随之林地细碎化程度进一步加剧，林地规模化经营的难度进一步加大，较之林地集体统一经营而言，林业科技推广和应用的难度也随之提升。在林地细碎化条件下，农户作为林业科技推广和应用的微观受体，其对林业科技吸纳态度和行为状况直接影响林业科技推广的效果，进而影响我国集体林业现代化发展水平。因此，了解农户对林业科技采纳情况，探索影响农户林业科技采纳行为的主要因素，对于创新我国集体林区林业科技推广新模式，提高林业科技转化率和林业经营水平具有重要的现实意义。

3.3.2 研究进展

国内外相关研究集中在农业科技采纳行为方面，也有少量学者关注了农户有偿林业技术需求意愿的影响（冷小黑，2011）和市场需求对经济林主产区的农户技术采用的影响（贺梅英，2014），但是对林业科技采纳行为影响因素方面的研究还少有报道（唐博文，2010）。集体林权制度改革后，国内学者就林地细碎化对农户林业投入行为的影响问题进行了开拓性研究（孔凡斌，2014，2012），但是有关林地细碎化如何影响农户林业科技投入行为的研究尚未开展，显然，这是我国集体林权制度改革后有关农户经营行为研究领域的重大缺憾。基于此，本文将林地细碎化作为影响农户林业科技采纳行为众多潜在因素中的关键因素予以重点关注，并以林业经营户的问卷调查数据为基础，采用规范的计量经济学模型，定量探讨林业细碎化对农户林业科技采纳行为的影响机理，据此提出相关对策建议。

3.3.3 理论基础及研究假设

农户科技采纳行为属于农户决策行为理论范畴，在农户的日常生产经营过程，在具体的一个特定时期内，农户在对于一项新的林业科技是否采纳采用，是建立在一个追求自身生产经营利润最大化的前提下，即在一系列约束条件下，通过一些决策行为来获得预期效用贴现最大化（Taylor J E，2003），该决策行为除了受林地细碎化程度的影响外，同时也受户主特征、家庭特征、地块特征以及生产过程特征的影响，具体如下：

（1）林地细碎化。林地细碎化是农户林地经营表现的主要特征之一，林地细碎化对农户林业科技采纳行为具有重要的影响，这就意味着农户林地地块越大，林业科技实施的成本就越低。反之，林地细碎化程度越高，实施成本就越高，理性的农户则会因为成本高而放弃林业科技的采纳。因此，预期林地细碎化对农户采用先进科学技术有着负向影响。

（2）户主特征。包括户主性别、户主年龄、教育水平、是否为党员或村干部等。周波等（2014）指出，农民掌握技术信息的程度、农民的个人特征和家庭特征等对农户采用新技术有重要影响。户主的年龄越大，越趋于规避风险，对技术采用的积极性越低。另外，对于年龄偏大、对过去的生产方式有路径依赖，他们倾向于沿用先前的经验，即农户决策者年龄越大，越不愿采用技术。户主受教育程度是农户采用技术决策的重要影响因素。马康贫、刘华周（1998）认为，农民受教育程度对其技术采纳具有正效应。户主受教育程度越高，其视野越开阔，思想越先进，对技术了解越全面，农户采用技术的可能性就越大。因此，户主受教育程度高的农户倾向于采用技术。是否为党员或村干部在采用一些新技术方面具有带头作用，因此，户主是否为党员或村干部对采纳新技术具有正向作用。

（3）家庭特征。包括拥有的林地面积、农业劳动人数、家庭收入是否以林业为主和是否有亲属在林业部门工作过等。钟涨宝、余建佐（2009）对农户农业科技采用行为的分析表明：农户的家庭收入结构、经营土地的规模对农户农业科技采用行为均产生显著的影响。因此，预计"家庭收入是否以林业为主"对农户科技采用行为会产生正向影响。"土地面积"对农户采用技术决策会产生影响，针对不同的技术，其影响的方向和强度可能存在一些差异。例如，Khanna（2001）对美国中西部土壤测试技术和变量投入技术（variable rate technology，VRT）采用的研究结果表明，农场耕地面积对较简单的土壤测试技术采用影响不显著；对更复杂的 VRT，农场耕地面积越大，农场主的采用意愿越强烈。唐博文、罗小锋等（2010）对农药使用技术的采用率与农户耕地规模呈现倒 U 形关系。因此，林地面积与技术采用的关系尚需实证来检验。

"农业劳动人数"对农户技术采纳行为肯定有影响，赵静（2009）通过模型分析得出，农户家庭从事农业的劳动力人数占的比例对农户精确定量施肥技术选择行为的影响为正。"是否有亲属在林业部门工作过"体现为一个信息可获得性。一般来说，信息资源环境越封闭，人们了解和学习技术的机会就越少，技术扩散的速度就越慢。如果农户有亲属在林业部门工作过就会更容易获得一些信息资源，那么，农户对技术的效益了解就会更多，从而更倾向于采用一些新技术（Bizimana C，2004）。预计有稳定而实用的信息来源渠道的农户倾向于采用技术。

（4）地块特征。地块特征考虑林地土壤质地和林龄类型，即土壤质地越好的林地，林木长势越好，农户经营投入的积极性越大，科技投入后，林地创造的收益也就越大。另外，林种类型对农户林业科技采纳行为也有影响，林龄可以分为中幼林和成熟林等，一般说来，经营成熟林的农户比经营中幼林的农户更易于采纳林业科技。

（5）生产过程特征：包括是否参与技术培训、是否经常从事林业生产活动和是否参加合作组织等。技术培训作为相关科技知识传授的一种非正规教育，有利于提高农户对科技特点和经济价值的了解程度，促使农户采用技术。另外，经常从事林业生产活动的农户更易于接纳一些新技术，因此，预计"参与技术培训"和经常从事林业生产活动对农户科技采纳会产生显著的正效应。唐博文、罗小锋（2010）认为农村专业技术协会或专业合作社等组织的存在有利于开展技术的推广示范工作，向组织内的农户展示技术的特点和经济价值，参加合作组织的农户比未参加的农户更容易采纳新技术。农村专业技术协会或专业合作社也可以要求成员采用某项技术。本文预期，农户参加合作组织会对技术采用产生正效应。

3.3.4　数据来源与变量说明

（1）样本区域及数据的来源说明。吉安市位于江西省中部、赣江中游。在"十一五"期间，林业用地面积180万公顷，占土地总面积的68.6%，森林覆盖率65.5%，林业科技投入1 102万元，占吉安市林业总产值的0.2%，林业推广技术人员333人，林业科技成果转化应用率50%，林业科技进步贡献率30%。20世纪90年代起开始发展的湿地松采脂产业，湿地松面积已达30万公顷，成为吉安市重要的森林资源。湿地松采脂生产中的常规传统采脂法是采用2天1刀或3天2刀的方法通过增加采割频率来增加湿地松产脂量，但该方法不符合湿地松持续流脂时间长的特性，严重影响了湿地松的产脂能力。因此，吉安市大力推广湿地松低频采脂新技术，降低采割频率来提高资源利用率、施用能增强湿地松产脂能力的植物生长调节剂来增加松脂产量和提高经济效益。数据来源于调查问卷形式对吉安市青原区和吉水县的农户湿地松低频采脂新技术采纳行为进行的实地调查，共发放280份问卷，其中有效问卷242份，有效率达到86.4%。

（2）变量的选择。重点关注林地细碎化对农户采纳林业科技行为的影响，同时影响农户采纳林业科技的行为还有户主个人特征、家庭特征、林业生产特征和地块特征四类解释变量，其统计描述结果和预期作用方向见表 3-8。

表 3-8　变量的定义及描述

变量名称	定义	均值	标准差	方向
被解释变量				
采用湿地松高效低频采脂技术	0＝否；1＝是	0.667	0.473	
1. 林地细碎化	林地地块数目/林地总面积	2.346	1.977	－
2. 户主个人特征				
性别	0＝女；1＝男	0.887	0.318	＋
年龄	调查者的实际年龄（岁）	45.01	2.965	－
教育水平	1＝文盲；2＝小学；3＝初中；4＝高中；5＝大专及以上	3.018	1.211	＋
是否党员或村干部	0＝否；1＝是	0.375	0.486	＋
3. 家庭特征				
林地面积	家庭拥有林地的实际面积（公顷）	1.099	1.200	不明
农业劳动人数	家庭农业实际人数（人）	1.345	0.742	＋
家庭收入是否以林业为主	0＝否；1＝是	0.458	0.500	＋
是否有亲属在林业部门工作过	0＝否；1＝是	0.435	0.497	＋
4. 地块特征				
土壤质地	0＝贫瘠；1＝肥沃	0.280	0.450	＋
是否为中幼林	0＝否；1＝是	0.208	0.407	＋
5. 林业生产过程				
是否接受过林业技术培训	0＝否；1＝是	0.446	0.499	＋
是否经常从事林业生产活动	0＝否；1＝是	0.560	0.498	＋
是否参加林业合作组织	0＝否；1＝是	0.220	0.416	＋

林业科技采纳情况。确定这个地区对于湿地松高效低频采脂技术采纳情况，从数据上可以看出，66.7％的农户采用了林业科技成果转化的湿地松高效低频采脂技术。

林地细碎化。林地的细碎化，即林地地块数/林地总面积为一个参考因素。

通过研究可以发现，林地细碎化呈现出较为平均的表现，即：相同面积的林地，各家各户的林地块数还是保持一个相对稳定的数目。

个人特征。在农户户主的特征中，88.7%的户主均为男性；农户家庭户主的平均年龄为45岁，以初中学历为主；同时，在所有的调查者当中，有37.5%的户主是当地的党员或者村干部。

家庭特征。在林业农户家庭特征上，每个家庭平均有1.1公顷的林地面积，同时每个家庭有大约1.35个农业劳动人数，可见从事农业劳动的人口在家庭中还是占有一定的比重，也有46%的家庭是通过林业生产经营所获得的收入作为整个家庭主要的经济来源，以及有43.5%的农户有亲属曾经在相关的林业部门工作过的经验。

地块特征。整体的林地呈现出的土壤质量一般，肥沃的林地只含有总量的28%。在整个吉安市的林业发展过程当中，林地的林龄主要还是以成熟林为主，占总林地的79.2%。

林业生产过程。在一个农户家庭中，有44.6%的农户们接受过林业技术培训，由此可见对于农户开展的林业技术培训还是比较到位的；有56%的农户是长期进行林业生产经营的活动；只有22%的农户参与过林业合作组织。

3.3.5 模型估计结果及分析

（1）模型估计结果。运用SPSS统计软件，采用Probit模型对242个样本数据进行模型估计，其估计结果如表3-9所示。

表3-9 模型估计结果

因素名称	相关系数（Coef.）	z	$P>z$
1. 林地细碎化	−0.765***	−3.130	0.002
2. 户主个人特征			
性别	0.422	0.780	0.436
年龄	0.297***	3.560	0.000
教育水平	2.082***	4.410	0.000
是否党员或村干部	0.198	0.470	0.642
3. 家庭特征			
林地面积（湿地松面积）	−0.809***	−3.270	0.001
农业劳动人数	0.622**	2.130	0.033

（续）

因素名称	相关系数（Coef.）	z	P>z
家庭收入是否以林业为主	1.023**	2.370	0.018
是否亲属在林业部门工作过	0.745**	2.000	0.045
4. 林地地块特征			
土壤质地	0.340	0.580	0.559
是否为中幼林	−0.271	−0.650	0.518
5. 林业生产过程			
是否接受过林业技术培训	−0.041	−0.060	0.950
是否经常从事林业生产活动	0.023	0.040	0.967
是否参加林业合作组织	−1.234 *	−1.730	0.084
常数	−18.188***	−4.130	0.000
实测性　　=	242	Prob > chi2	0.000***
卡方统计量（14）　　=	116.91	Pseudo R²	0.547

注：***、**、* 分别表示变量在1％、5％、10％的显著水平显著。

（2）模型估计结果分析。表 3-9 是模型的估计结果，其中的 R^2 为 0.567，表明模型具有相当强的解释力度。林地细碎化、林地面积、是否参加林业合作组织对农户林业科技采纳行为具有负向影响，户主年龄、教育水平、农业劳动人数、家庭收入是否以林业为主、是否亲属在林业部门工作过对农户林业科技采纳行为具有正向影响。具体如下：

林地细碎化的影响。表 3-9 模型估计结果显示，林地细碎化对农户林业科技采用在1％的显著性水平上呈现负向影响，即农户经营的湿地松林地细碎程度越高，即单位面积的林地地块越多、越分散，则对于农户而言更不愿采纳林业科技，验证了初期的研究假设，与孔凡斌等（2012）的研究结论一致，即林地细碎化会影响农户要素投入的积极性，认为林地细碎化提高农户林地科技采用成本，主要成本有时间成本、用工成本、看护成本等，由于林地地块所处位置存在空间距离及道路的可及度，因此还存在集材成本和运输成本，林地细碎化会增加林产品的集材成本和运输成本。相应地，林地细碎化对林业科技的采用呈现高度负相关。

户主特征的影响。表 3-9 模型估计结果显示，户主的年龄和教育水平变量在1％显著性水平上显著且影响为正，说明年龄变量对农户采用林业科技呈正向的显著影响，即在一定范围年龄越大的农户越会采用林业科技。可能的原因是在一定的年龄范围内，农户的年龄越大，对于新信息的把握能力越成熟，能够很好地驾驭新技术。教育水平变量对于农户采用林业科技呈现正相关的显著影响，即农户家庭户主受的教育水平越高，对林业科技的需求越高。其存在的原因是在所有农户户主中，接受的教育水平越高，户主的知识储备就越丰富，能够更加科学地制定决策，从科学的角度进行日常生产经营，同时对于新的科学技术成果的使用愈加依赖。

农户家庭特征的影响。农业劳动人数、家庭收入是否以林业为主和是否有亲属在林业部门工作过3个变量均在5%的显著水平上显著，影响方向为正。农业劳动人数对林业科技呈现正向显著影响，即家庭中农业劳动人数越多，农户越倾向于采纳林业科技。同时"家庭收入是否以林业为主"变量对于农户科技的需求呈现正相关的显著现象，即农户的林业收入占家庭总收入的比重越高，对于林业科技的需求就越多。"是否在亲属在林业部门工作过"对林业科技呈现正向显著影响，即家庭中有亲属在林业部门工作过的人数越多，对于林业科技信息可获得性更强，对技术的效益了解就会更多，从而更倾向于采用一些新技术。

家庭拥有林地面积对林业科技的需求呈现负向显著影响，即家庭林地面积越小，对于林业科技采用的可能性越高。农户调查数据统计显示，农户经营湿地松的户均林地面积为1.009公顷。家庭拥有的林地面积越大，林地地块数量会越多，在一定林地面积范围内，家庭经营面积越小，地块数量更少，农户的林业科技投入也低，且更趋向于集约经营，因此采用林业科技的可能性越高。

林业生产过程因素的影响。农户是否参加林业合作组织变量对于农户林业科技采纳行为呈现负向显著影响，这与预期的影响方面相反，可能是源于林业合作组织引领林业科技采纳的作用不明显，还有更多的原因将在以后的调查中进一步研究。除此之外，是否接受过林业技术培训、是否经常从事林业生产变量因素对于农户林业科技采纳的影响并不显著，表明这些因素可能不是导致林业科技影响的显著差异。

3.3.6 结论与建议

对江西省吉安市242个样本户采纳湿地松低频采脂新技术情况的调查数据进行回归分析，结果表明：林地细碎化对农户林业科技接纳行为影响显著并呈负相关，这与Bizimanal和Nieuwoudt（2004）的研究结论基本一致，即林地细碎化提高了农户采纳先进林业科技的成本，降低了劳动生产率，也增加了先进林业科技推广和应用的难度。与此同时，农户户主年龄、教育水平、家庭农业就业人数、家庭主要收入是否以林业为主和是否有亲属在林业部门工作，以及是否参加林业合作组织对农户科技采纳的影响显著并呈正相关，林地面积对农户科技采纳的影响显著并呈负相关。

从理论研究现状来看，尽管土地细碎化对农户农地投入与产出的研究和探讨已经不少，但对林地细碎化的研究还有待于进一步深化，为此，应尽快建立林地细碎化的标准体系，准确界定细碎化程度（细碎化程度多少时，可以分为轻度、中度和高度细碎化），再根据细碎化的程度不同，制定多样化的林地规模化整合模式与支持措施。

从政策完善方向来看，目前，我国实施以"分山到户"为目标的林业产权制度改革的背景下，应该建立和激活农村林业产权流转交易市场，促进农户之间邻近林地之间的置换归整，降低林地细碎化程度；与此同时，要加快农村社会保障体系建设，尽快加快完善农村医疗、养老保障以及最低生活保障体系，同时加快农民市民化的进程，提高农户非农就业比重，提高农民非农收入水平，以弱化农民对林地的经济依赖，为实现林地规模化整合创造条件；另外，要努力提高农户家庭的教育水平，增强农户采纳先进林业科学技术的意识和能力，掌握运用先进技术提高劳动生产率；要积极发挥林业合作组织在科技推广和应用方面的引领作用，吸引农户自主参加合作组织，降低林业技术采纳成本，分散林业新技术应用风险，提高农户采纳林业科技的积极性和主动性。

3.4 农户林权抵押贷款行为及其影响因素

3.4.1 研究意义

林权抵押贷款是指农户以《林权证》所载明的林地使用权和林木所有权作为抵押品向银行等金融机构融通资金，其实质是森林资源的变现（韩锋 等，2012）。作为新时期集体林权制度改革的重要配套改革措施，林权抵押贷款创造性地将森林资源纳入抵押品中，扩大了抵押品的范围，能够在一定程度上解决农村抵押品不足而导致的融资难问题，成为林业融资史上的创新，更是农村金融改革的重大突破（石道金 等，2011）。林权抵押贷款对于盘活森林资源资产、促进林区发展、提高农户收入都有重要的意义。截至 2017 年底，我国共发放林权抵押贷款高达 800 多亿元，抵押贷款林地面积近 1 亿亩。2017 年，中国银监会、国家林业局和国土资源部联合发布《关于推进林权抵押贷款有关工作的通知》明确提出林权抵押贷款"要向贫困地区重点倾斜，支持林业贫困地区脱贫攻坚"，从而赋予了林权抵押贷款的金融扶贫功能和任务。当前，我国正处于脱贫攻坚的决胜期，山区和林区作为贫困人口的"集中区"和脱贫的"深水区"，始终是脱贫攻坚的重点和难点，林业扶贫工作面临模式优化和政策创新的时代重任。林业金融扶贫是农村金融扶贫的重要组成部分，是一种持续的"造血式"林业扶贫新模式，其在缓解农户融资难，促进林业经济增长，减少山区和林区贫困方面被寄予厚望。有研究认为，林权抵押贷款可以显著提高资金匮乏农户的收入水平（谢玉梅 等，2015），也有初步的研究认为，由于贷款瞄准对象模糊，贫困农户受到更为严格的信贷约束（金银亮 等，2017），林权抵押贷款扶贫功能不明确，贫困农户林权抵押贷款参与程度低，致使林权抵押贷款在缓解和消除山区和林区贫困的功能未能得到应有的体现（王见 等，2014），林权抵押贷款扶贫绩效面临信贷机构与贫困农户之间供需不匹配的现实挑战。那么，从供给方来看，现行的林权抵押贷款是否存在"嫌贫爱富"偏好？贷款对象是否偏离贫困户？从需求方来看，贫困户对林权抵押贷款的需求如何？贫困户获得林权抵押贷款的可能性有多大？又是什么因素影响着贫困户林权抵押贷款行为？如何进一步完善政策以提升林权抵押贷款的扶贫绩效？目前的研究尚未给出明确的答案。

3.4.2 研究进展

集体林权制度改革以来，农户成为林业经营的主体，由于林业经营长周期，农户面临着林业经营资金匮乏的困境。为此，国家于 2008 年开始实施林权抵押贷款政策。作为一项重要的支农政策，其政策实施绩效如何引起学者们的关注。大部分研究表明，林权抵押贷款政策实施促进了林业投资增长（徐秀英，2018），推动了林业产业及其他产业发展（于丽红 等，2012），提高了林业经营效率、增加了农户收入（罗会潭 等，2016；于丽红 等，2012）。不仅如此，林权抵押贷款也为农村富余劳动力提供了就业途径，提高了农村劳动力就业率（罗会潭 等，2016）。此外，林权抵押贷款还减少了高利贷等非法金融活动，促进了林区社会和谐稳定（郑杰，2011）。也有学者认为，林权抵押贷款在乡村的实践效果并未达到预期目标（张红霄，2015）。金融机构林权抵押贷款供给并没有满足普通农户的需求（朱莉华 等，2017），绩效不理想是由于林权抵押贷款并不是孤立存在，其运作还需要一定的金融生态环境作为支撑，尤其是受到农村信用体系、林业资源保护与管理体制影响，即使是好的金融制度安排，若金融生态环境不理想，也会出现制度绩效较差的现象（金银亮 等，2017）。再者，林权抵押贷款政策设计并不利于普通林农融资，林农大多在造林阶段最需要资金，而此阶段可用于抵押的林木资产往往很少，无法满足抵押品的要求（朱冬亮 等，2013）。鉴于此，普通农户尤其是贫困农户是否能从林权抵押贷款中获益，成为许多学者研究的焦点，研究成果主要集中在林权抵押贷款在减少贫困中的作用方面。许多学者持积极的态度，认为林权抵押贷款能够有效地减少贫困：一方面林权抵押贷款通过扩大抵押品范围能有效提升贫困农户参与正规金融市场，获取金融服务，提高贫困农户的生产能力和预期收入来直接减少贫困（于丽红 等，2012）；另一方面，林权抵押贷款通过促进林业企业及相关产业发展扩大了农户的就业机会，带动贫困农户分享经济发展红利来间接减缓贫困（罗会潭 等，2016）。然而，林权抵押贷款对贫困减缓的效应并非是一致的，有学者认为信贷对不同收入水平农户的边际产出效应是有差异的，低收入农户的收入增加更为明显（金银亮 等，2017）。此外，林权抵押贷款作为一种金融扶贫方式，其扶贫功效如何更依赖于其与产业扶贫、科技扶贫的有效组合（刘芳，2017）。

也有一些研究对农户在林权抵押贷款中遇到的困境和问题进行了关注，从供给方面看，金融机构信贷配给较为严格，贷款准入门槛较高（金银亮，2017），贷款供给还存在额度小、期限短、利率偏高以及手续繁杂等问题（谢彦明 等，2010）。何文剑 等（2014）研究发现，只有当林地规模、林种、林龄达到规定标准，才有资格申请贷款。实际考察发现，林权抵押物范围仅限于杉、松中龄以上的林木和毛竹林（罗会潭 等，2016），究其原因，银行贷款条件苛刻主要是由于抵押风险大，森林资源价值实现程度有限以及配套机制缺失（张兰花，2016）。针对已获得贷款的农户的调查发现，贷款额度最高为 1.6 万元，贷款期限以 1 年期短期贷款为主，贷款月利率高达 6.39‰（谢彦明 等，2010）。从需求方面看，农户参与林权抵押贷款意愿并不高（丁海娟 等，2012），且普遍认为林权抵押贷款融资成本较高，贷款负担过重（金银亮 等，2017）。普通农户参与贷款意愿低，主要是受立地条件、交通和家庭劳动力数量、发展能力等因素约束（王见 等，2014），致使农户对贷款的积极性不高。还有学者认为，贷款期限短增强了农户尤其是贫困农户的还款压力，林业经营还未产生收益，就要偿还贷款，也限制了农户贷款积极性（赵赫程，2015）。

在农户林权抵押贷款行为的影响因素方面，从需求方面看，学者们比较一致地认为农户的个体特征、家庭禀赋、家庭收入、家庭支出及政策因素对林权抵押贷款需求有重要影响。在个体特征因素方面，户主的年龄（宁学芳 等，2015）、受教育程度（聂建平，2017）均会影响农户的贷款需求。在农户家庭禀赋因素方面，家庭总人口越多、劳动力比例越高，农户对贷款的需求程度越低（翁夏燕 等，2016），经营林地规模越小，农户越不愿意进行林权抵押贷款（胡宇轩 等，2017）。在家庭收入因素方面，以农业收入为主的农户，其对贷款的需求更大（刘轩羽 等，2014）。在家庭支出因素方面，家庭总支出对农户林权抵押贷款需求具有显著的正向影响（周艺歌 等，2013）。在政策因素方面，林业补贴会在一定程度上替代农户对林权抵押贷款的需求（翁夏燕 等，2016）。从供给方面看，信用社在提供贷款时会对农户设置一定的门槛，如收入状况、资产状况（李岩 等，2013）。以农业为主要收入来源的家庭要比以打工为主要收入来源的家庭的贷款可获得性高（沈红丽，2018），生产性固定资产价值高的农户的贷款可获得性也更高（牛荣 等，2016）。此外，信用社还会考虑农户经营的林地面积、社会资本及户主个体特征。经营林地面积越大，农户贷款的可获得性越大（杨扬 等，2018），有亲友在银行或信用社工作也会提升农户贷款的可获得性（叶宝治 等，2017），中年农户比青年农户的贷款可获得性高，文化程度高农户的贷款可获得性也高（牛荣 等，2018）。

既有研究关于普通农户在林权抵押贷款中存在的突出问题，主要从优化农村金融生态环境、完善配套体系、提升服务能力等角度，提出对策建议，归纳起来主要有：一是建立区域性的信用数据库，实现信息共享（金婷 等，2018）；二是加快资产评估专业队伍、评估标准等相关体系建设，提高森林资源价值评估的科学性、合理性（郭燕茹，2018）；三是健全林权抵押贷款风险分担机制、风险保险机制、风险补偿机制，提升金融机构开展林权抵押贷款的积极性（宁攸凉 等，2015）；四是加强林业要素市场建设，规范林地、林木资源的流转，降低金融机构处置抵押物的风险（韦欣 等，2011）；五是增加对林业贷款的扶持，激发金融机构放贷动力（黄丽媛 等，2009）。此外，也有研究提出要开发针对贫困农户的金融产品，以增强贫困农户参与金融市场的机会（金银亮 等，2017）。

综上所述，国内对林权抵押贷款的目标瞄准性以及贫困农户林权抵押贷款行为及其影响因素的研究已取得了一定成果，但是既有的林权抵押贷款扶贫目标瞄准性问题的少量研究大多是案例研究，致使研究结论的差异性较大，围绕林权抵押贷款扶贫目标瞄准性的实证研究尚处于初始阶段；在研究方法上，已有的少量研究主要采用单方程 Probit 模型和 Tobit 模型对农户林权抵押贷款的需求意愿和供给单独进行研究，忽略了农户尤其是贫困农户的贷款行为是需求和供给相互作用下的均衡结果，致使无法有效区分需求效应和供给效应，存在对研究结果误读的风险。

3.4.3　模型构建与变量选取

（1）计量模型的设定。既有对农户贷款行为的研究，主要有2种模型，一是单方程 Probit 模型，二是双变量 Probit 模型。单方程 Probit 模型一般是假设农户均存在林权抵押贷款需求，但是这与实际情况不相符。实际的情况是，一些没有获得林权抵押的农户并不是都有贷款需求的农户。而双变量 Probit 模型克服了单变量模型的缺陷，既考虑需求方面又考虑供给方面，识别了没有林权抵押贷款需求农户的样本信息，更加符合实际情况。因此，本研究选择双变量 Probit 模型来分析农户对林权抵押贷款的需求和信用社的供给情况。农户林权抵押贷款行为是农户与信用社二者相互决策下的结果，即农户决策是否申请贷款，信用社决策是否提供贷款。将农户和信用社的决策进行组合，共有"有需求，有供给""有需求，无供给""无需求，有供给"和"无需求，无供给"4种。如果用 y_D、y_S 分别表示农户、信用社的决策，并设定 $y_D = 1$，表示农户有需求，$y_D = 0$ 表示农户没有需求，$y_S = 1$ 表示信用社有供给，$y_S = 0$ 表示信用社没有供给，那么前述决策组合可简化为（1，1）、（1，0）、（0，1）、（0，0）。

用 y_D^*、y_S^* 分别表示农户林权抵押贷款需求和信用社林权抵押贷款供给的潜在变量，其表达式如下：

$$y_D^* = X_D \beta_D + \varepsilon_D \qquad y_S^* = X_S \beta_S + \varepsilon_S \qquad (3\text{-}8)$$

式中，X_D、X_S 分别为影响农户林权抵押贷款需求、信用社贷款供给的外生变量，β_D、β_S 是待估计参数；假设误差项 ε_D、ε_S 分别服从联合正态分布，记为 ε_D，$\varepsilon_S \sim \mathrm{BVN}$（0，0，1，1，$\rho$），其中 ρ 是 ε_D 和 ε_S 的相关系数。y_D^* 和 y_S^* 是不可观察的，它们与 y_D 和 y_S 的关系如下：

$$y_D \begin{cases} 1 & \text{如果 } y_D^* > 0 \\ 0 & \text{如果 } y_D^* \leqslant 0 \end{cases} \qquad y_S \begin{cases} 1 & \text{如果 } y_S^* > 0 \\ 0 & \text{如果 } y_S^* \leqslant 0 \end{cases} \qquad (3\text{-}9)$$

用 y 表示农户是否获得林权抵押贷款，设定农户获得林权抵押贷款为1，反之则为0，y 与 y_D、y_S 的关系如下：

$$y = \begin{cases} 1 & \text{农户获得林权抵押贷款} \qquad y_D = 1，\text{且 } y_S = 1 \\ 0 & \text{农户未获得林权抵押贷款} \qquad y_D = 0，\text{或 } y_S = 0 \end{cases}$$

$$(3\text{-}10)$$

在实际中，由于信息的不充分，y_D 和 y_S 不能被完全观察到，只能观察到农户是否获得林权抵押贷款。通过农户的调查问卷，可以直接观察到农户的需求信息，但无法直接观察到信用社的供给信息。一般而言，只有当 $y_D=1$ 时，才能观察到 y_S；当 $y_D=0$ 时，则难以观察到 y_S。针对没有贷款需求的农户，无法观察到信用社贷款供给信息，只有在供需联立方程中需求部分才能被识别，需求可观察双变量 Probit 模型表示为：

$$\begin{cases} 需求方程：P(y_D=1)=P(y_D^*>0)=P(-X_D\beta_D<\varepsilon_D) \\ 供给方程：P(y_S=1|y_D=1)=P(y_S^*>0)=P(-X_S\beta_S<\varepsilon_S) \end{cases}$$

$$(3\text{-}11)$$

采用极大似然估计法对上述方程进行联合估计，其对数似然函数为：

$$\begin{aligned} \ln L(\beta_D,\ \beta_S,\ \rho) = \sum_{i=1}^{n} \{ & y_D y_S \ln \Phi_{BN}(X_D\beta_D,\ X_S\beta_S;\ \rho) \\ & + y_D(1-y_S)\ln[\Phi(X_D\beta_D) \\ & - \Phi_{BN}(X_D\beta_D,\ X_S\beta_S;\ \rho)] \\ & + (1-y_D)\ln\Phi(-X_D\beta_D) \} \end{aligned}$$

$$(3\text{-}12)$$

式中，$\Phi(\cdot)$ 是一元累积正态分布函数，$\Phi_{BN}(\cdot)$ 是二元累积正态分布函数。

（2）变量选取。农户林权抵押贷款行为实际上是农户和信用社相互决策下的均衡结果，即农户决策是否有贷款需求、信用社决策是否提供贷款。从农户的角度看，农户发生借贷行为主要是在综合考虑生产、生活方面对资金的需求而进行贷款决策的过程（徐璋勇 等，2014）。从金融机构的角度看，信用社提供贷款是在综合考虑贷款的风险以及交易成本后进行的理性决策，农户的生产经营状况、财产状况成为信用社筛选合格客户的首要标准（程郁 等，2009）。农户林权抵押贷款行为，除了受包括生产经营状况、资产状况等在内的农户偿债能力和非日常消费支出因素影响外，农户经济特征、有利条件等因素也是不可忽视的。根据上述分析，变量设置如下：

①因变量设置。从理论上讲，两个方程的存在意味着所用的被解释变量应有两个：一是衡量农户对林权抵押贷款的需求，二是在农户有贷款需求的前提下，信用社的行为响应。农户对林权抵押贷款的需求为二分类值，信用社的行为响应也为二分类值。即农户有林权抵押贷款需求为 1，反之为 0；信用社提

供贷款为 1，反之为 0。因此，本文将全体样本农户林权抵押贷款的需求意愿作为农户对林权抵押贷款需求模型的因变量；将信用社的贷款供给，即全体样本农户林权抵押贷款可获得性作为信用社的行为响应模型的因变量。

②自变量设置。一是农户经济特征。农户经济特征是指农户贫困程度，根据农户家庭人均纯收入是否高于国家贫困线，农户大体上具有两种属性，即非贫困和贫困。通常情况下，贫困农户的资金更匮乏，对资金的需求更高，但此类农户往往生产经营能力较差且缺乏投资机会，受到正规金融机构的信贷约束更强。因此，了解此类农户林权抵押贷款行为及其影响因素，对于完善林权抵押贷款，促进林业扶贫具有重要作用。二是农户偿债能力。农户偿债能力包括农户经营林地规模、家庭收入来源、生产性固定资产等，林地规模指农户经营林地面积，在一定程度上而言，林地面积越大，其作为抵押品价值就越高，一方面，高价值抵押品可抵押贷款额度越大，农户贷款积极性就越高；另一方面，高价值抵押品降低了金融机构放贷风险，可增强其放贷意愿（兰庆高 等，2013）。家庭收入来源既能反映农户经济活动类型及其内部结构特征，又能反映信用社对农户偿还贷款的预期，因此考察农户收入来源对林权抵押贷款供求的影响尤为重要。由于非农收入对农户信贷需求具有较强的替代性（陈鹏 等，2011），在本研究中，重点考察农业收入，而不考虑非农收入、工资收入，为进一步考察农户农业生产经营中不同经济活动影响的差异，将农业收入细分为种植业收入和养殖业收入。为避免直接纳入种植业收入、养殖业收入带来的内生性问题，采用种植业收入比例和养殖业收入比例作为代理指标。生产性固定资产是指农机具等农业机器设施，一方面，生产性固定资产价值越高，农户扩大农业生产经营的可能性越大，对林权抵押贷款的需求程度越高；另一方面，生产性固定资产，可以从侧面反映农户家庭财富积累情况，也是正规金融机构放松对农户信贷约束的主要指标之一（牛荣 等，2016）。三是非日常消费。非日常消费是指农户医疗、教育、送礼等方面的支出，在需求方程中，本研究重点分析医疗支出，而不考虑教育支出、送礼支出。医疗支出是影响农户借贷决策的重要因素，为了便于反映医疗支出对农户消费的冲击，采用医疗支出占总消费支出比例作为代理变量。一般而言，医疗支出占总消费支出比重越高，意味着农户健康水平越差，相应的家庭收入水平越低，生产生活资金缺口越大。四是有利条件。有利条件包括是否获得林业补贴、是否有家人在政府部门工作等，林业补贴是指针对林业生产经营和林业融资的补贴，如造林补贴、林木良种培育补贴、森林抚育补贴、林业贷款贴息补贴等。林业补贴会在一定程度上

激发农户营林积极性，增加林业投入（舒斌 等，2017），有助于增强农户林权抵押贷款的需求强度。有家人在政府部门工作的农户，其与基层干部联系越多，获取国家有关涉农优惠政策信息的效率更高（张珩 等，2018），对贷款的行为响应越积极，同时，有家人在政府部门工作，可以降低正规金融机构贷款损失的风险，减轻对农户的信贷约束（牛荣 等，2016）。五是其他控制指标。户主特征和家庭人口特征包括户主年龄、受教育程度、家庭人口规模、家庭人口负担。通常情况下，年龄轻、受教育程度高的农户，学习接受新事物能力较强，其对林权抵押贷款需求强烈；与此同时，此类农户自身精力和获取收益能力往往也较强，正规金融机构也更愿意向其发放贷款。家庭人口规模、人口负担反映了农户的家庭结构，不同家庭结构下，农户当期收入平滑支出的可能性存在较大差异，一般而言，家庭人口规模大、人口负担重的农户收入平滑支出的可能性小，生产生活中资金的缺口越大，对林权抵押贷款需求越强。不同地区的农村，其经济、金融发展水平不同，农村金融服务也存在差异，自然影响农户的贷款需求（刘明轩 等，2015）。六是交互项。为了进一步分析不同医疗支出水平下贫困程度对林权抵押贷款需求的影响，在模型中加入医疗支出水平与贫困程度的交互项。

3.4.4　数据来源与统计描述

（1）数据来源。使用的数据来自 2009 年 7～8 月对全国的实地调查。本次调查对象为普通农户家庭，不包括林业经营大户。该调查收集了 4 个区域样本农户 2009 年的信息，具体包括农户家庭基本情况、生产、生活及借贷等。由于数据的缺失、信息不真实、奇异值等情况，最终筛选出 702 份有效样本。

（2）变量统计描述。调查发现，被调查农户经济状况差异较大，为了说明林权抵押贷款瞄准贫困户的情况，本文按照样本农户 2009 年人均纯收入偏离贫困线的程度将农户分为以下三组：非贫困户、一般贫困户及重度贫困户。本文中一般贫困线设定为 2 500 元[①]，深度贫困线设定为 1 400 元[②]，家庭人均纯收

---

①　借鉴国内最新颁布的 2011—2020 年贫困标准，根据 2010 年不变价计算得到 2011 年 2 300 元的贫困线算法，逆推得到 2009 年的贫困线为 2 227 元，又考虑到林区大多地处高寒地区，因此，采用国内对高寒地区 1.1 倍贫困线的规定，将 2009 年的贫困线设定为 2 500 元。

②　借鉴居民消费支出的恩格尔系数，选择当前贫困线的 53.5% 作为区分不同贫困程度的分割线，即 1 400 元。

入超过2 500元的为非贫困户，家庭人均纯收入低于2 500元但高于1 400元的为一般贫困户，家庭人均纯收入低于1 400元的为重度贫困户。调查数据表明，在702份样本中，贫困户（一般贫困户和重度贫困户）占比约为总样本数的1/4。具体情况如表3-10。

表3-10　不同贫困程度农户数量的描述

农户贫困程度	农户数（户）	占样本总农户数的比重（%）
非贫困	533	75.93
一般贫困（轻度贫困）	103	14.67
重度贫困	66	9.40

在702户调查的农户中，507户农户对林权抵押贷款有需求，林权抵押贷款需求率为72.22%；而在有贷款需求的农户中，仅68户农户获得贷款供给，林权抵押贷款满足率为13.41%。非贫困户的林权抵押贷款需求率为73.17%，在三组农户中最高；一般贫困户的林权抵押贷款需求率为67.96%，在三组农户中最低；重度贫困户的林权抵押贷款需求率为71.21%，略低于非贫困户，与非贫困户需求差异不大。三组农户的贷款需求满足率都较低，林权抵押贷款需求满足率随着贫困程度的增加呈现出先增加后降低的趋势。一般贫困户的贷款需求满足率最高，为15.71%；非贫困户的贷款需求满足率较低，为13.59%；重度贫困户的贷款需求满足率最低，为8.51%（表3-11）。说明林权抵押贷款供给并没有明显的"富人偏好"，但是"规避极为贫困者"倾向较为明显。

表3-11　不同贫困程度农户林权抵押贷款需求和可获得性描述

农户贫困程度	样本户数（户）	存在需求的农户数（户）	贷款需求率（%）	获得贷款的农户数（户）	贷款满足率（%）
非贫困	533	390	73.17	53	13.59
一般贫困	103	70	67.96	11	15.71
重度贫困	66	47	71.21	4	8.51
合计	702	507	72.22	68	13.41

本研究的其他解释变量由户主及家庭人口特征、农户偿债能力、非日常消费、有利条件等构成，主要解释哪些因素致使农户林权抵押贷款需求和供给存在差异，其名称、定义、变量解释、均值及方差具体如表3-12所示。

表 3-12　解释变量定义及统计描述

变量名称	变量定义	变量解释	均值	方差
（1）户主及家庭人口特征				
	年龄	1.＜30；2. 30～39；3. 40～49；4. 50～59；5.＞60	3.46	1.03
	受教育程度	小学及以下文化＝1，初中文化＝2，高中文化＝3，大专及以上文化＝4	1.63	0.43
	家庭人口数	1. 1～3；2. 4～6；3. 7～10	1.76	0.31
	家庭人口抚养	实地调查数据（％）	0.59	0.47
（2）农户偿债能力				
	林地面积取对数	实地调查数据（％）	2.97	1.78
	种植业收入占总收入比例	实地调查数据（％）	0.29	0.13
	养殖业收入占总收入比例	实地调查数据（％）	0.12	0.05
	生产性固定资产	1.＜2 000；2. 2 000～5 000；3.＞5 000	1.54	0.60
（3）有利条件				
	是否获得林业补贴	是＝1，否＝0	0.34	0.23
	是否有家人在政府部门工作	是＝1，否＝0	0.24	0.18
（4）非日常消费				
	医疗支出占总消费支出的比例	1.＜20%；2. 20%～50%；3.＞50%	1.20	0.22
（5）所在区域				
	农户生活所在地	东北地区＝1，东部地区＝2，中部地区＝3，西南地区＝4	2.80	0.95

3.4.5　实证结果与分析

　　基于全国 702 户农户调查数据，运用 Stata 12.0 软件对农户林权抵押贷款行为的双变量模型进行估计，估计结果如表 3-13 模型（1）所示。模型（2）是在模型（1）的基础上增加了贫困程度与医疗支出水平的交互项，其估计结果如表 3-13 模型（2）所示。

　　从表 3-13 模型（1）估计结果来看，在控制了其他因素后，无论是农户对林权抵押贷款的需求还是其获得贷款的情况，都与农户的经济特征没有统计学意义上的显著相关性。在三类农户中，一般贫困农户、重度贫困农户比非贫困农户对贷款的需求差异不明显，一般贫困农户、重度贫困农户比非贫困农户贷款可获得性差异也不明显。说明林权抵押贷款无论在需求还是供给方面均表现出贫富"中性"偏好，即没有证据表明贫困程度越深农户的贷款需求意愿越强或其获得贷款的可能性越大。此结论与林万龙、杨丛丛（2012）的研究结论相一致。这既有供给方面的原因，如信用社放贷决策时更看重农户的养殖业收入比例和是否有家人在政府部门工作，而贫困农户一般都是主要从事小规模种植业且没有家人在政府部门工作；也有需求方面的原因，如以种植业为主的贫困农户一般不会因为小规模种植而借贷，且也缺乏其他生产投资机会，对林权抵押贷款的需求也低。

从农户偿债能力上看，以种植业、养殖业收入为主的农户对林权抵押贷款的需求不明显，以种植业收入为主的农户获得信用社资金支持也不明显，但以养殖业收入为主的农户明确获得信用社资金支持。一般而言，养殖业比种植业比较收益高，以养殖业为主要收入来源的通常是村里有劳动能力的较高收入群体，他们往往有较强的农业生产经营能力，偿还贷款的可能性大，这就有利于信用社将其视为合格客户而向其提供贷款。生产性固定资产负向影响农户对林权抵押贷款的需求，这与本研究预期相反。生产性固定资产是提高农户生产效率的重要途径，生产性固定资产价值更高的农户对林权抵押贷款的需求意愿更弱一些。可能是由于繁杂的林权抵押贷款程序以及较低的贷款额度，挫伤了其对林权抵押贷款的积极性，削弱了其对林权抵押贷款的需求强度。经营林地面积能显著提高农户林权抵押贷款的可获得性，说明正规金融机构更倾向于向大规模农户发放贷款。

从有利条件上看，林业补贴、有家人在政府部门工作均对农户林权抵押贷款需求没有显著影响，而有家人在政府部门工作却能增强农户林权抵押贷款的可获得性，从前人的研究结论（叶宝治 等，2017）以及本研究的结果来看，有家人在政府部门工作是目前农村正规金融机构提供贷款的重要依据。

医疗支出会显著增强农户对林权抵押贷款的需求，可能是由于医疗支出往往数额大且具有刚性，农户自有资金不足以满足支出，从而对林权抵押贷款需求强烈。

户主年龄对农户林权抵押贷款需求和信用社贷款供给有负向显著影响，在一定范围内，参与林权抵押贷款的农户的年龄越小，林权抵押贷款需求强度和可获得性越高。户主受教育程度、家庭人口负担对农户林权抵押贷款需求有正向显著影响，这意味着生活性资金匮乏是农户对林权抵押贷款有需求的原因之一。

从表 3-13 的模型（2）中可以看出，在需求方程中，交互项的系数影响显著且方向为正，贫困程度的加深促进了农户贷款需求的增加，在不同医疗支出水平下，不同程度贫困农户林权抵押贷款需求差异较为明显。即医疗支出起到了"助推器"作用，促进了一般贫困农户和深度贫困农户贷款需求的增加。说明贫困农户贷款的动机是缓解资金紧张，而非生产性需要，且其贷款的应急性很强。

表 3-13　模型估计结果

变量	模型（1）				模型（2）			
	需求方程		供给方程		需求方程		供给方程	
	系数	标准差	系数	标准差	系数	标准差	系数	标准差
（1）农户经济特征								
非贫困	−0.073	0.149	0.113	0.194	−0.556**	0.262	0.109	0.194
一般贫困	−0.042	0.190	−0.282	0.275	−1.060**	0.458	−0.281	0.275
重度贫困								
年龄	−0.135**	0.056	−0.116*	0.070	−0.137**	0.056	−0.117*	0.071
受教育程度	0.224**	0.089	0.060	0.119	0.219**	0.089	0.061	0.119
家庭人口数	−0.045	0.097	0.112	0.122	−0.049	0.096	0.113	0.122
家庭人口抚养	0.155*	0.082	0.101	0.098	0.160**	0.081	0.102	0.098
（2）农户偿债能力								
林地面积取对数	−0.017	0.041	0.144**	0.059	−0.022	0.042	0.145**	0.060
种植业收入占总收入比例	0.153	0.166	0.195	0.201	0.135	0.166	0.195	0.200
养殖业收入占总收入比例	−0.027	0.253	0.619**	0.299	−0.015	0.252	0.621**	0.300
生产性固定资产	−0.130*	0.071	0.054	0.089	−0.136*	0.070	0.053	0.089
（3）有利条件								
是否获得林业补贴	0.076	0.117	—	—	0.075	0.117	—	—
是否有家人在政府部门工作	0.208	0.129	0.463***	0.153	0.212*	0.129	0.466***	0.153
（4）非日常消费								
医疗支出占总消费支出的比例	0.220*	0.123	—	—	−0.370	0.284	—	—
（5）农户生活所在地								
中部	0.155	0.195	−0.170	0.253	0.157	0.196	−0.173	0.253

（续）

变量	模型（1）				模型（2）			
	需求方程		供给方程		需求方程		供给方程	
	系数	标准差	系数	标准差	系数	标准差	系数	标准差
东南部	0.186	0.188	−0.289	0.238	0.198	0.189	−0.288	0.238
中部地区	0.495**	0.204	−0.404	0.247	0.503**	0.205	−0.407	0.247
西南部地区	—	—	—	—	0.404**	0.177	—	—
常数	0.358	0.392	−1.848***	0.513	0.609	0.405	−1.850***	0.513
相关系数			0.936***	0.061			0.938***	0.065
极大似然值	−575.65				−572.72			
实测值	702				702			

3.4.6　结论与政策建议

利用全国 702 份农户实地调查数据，探讨林权抵押贷款扶贫目标的瞄准性及其影响因素，结果表明：

（1）林权抵押贷款的扶贫功能不明显，林权抵押贷款产品设计单一，没有考虑农户家庭经济条件的差异性，缺乏面向贫困农户的林权抵押贷款产品的个性化设计，贷款产品扶贫目标和功能缺失，无法发挥林业金融贷款的扶贫功效。

（2）林权抵押贷款仅仅为农户贷款提供了一个平台，未能满足农户尤其是贫困农户的贷款需求，主要原因在于信用社对农户的贷款供给不足，信用社提供贷款更看重农户农业收入来源的多元化，尤其是养殖业收入与农户拥有的社会资本，即是否有家人在政府部门工作。

（3）与非贫困农户相比，贫困农户对林权抵押贷款的需求并不高，贫困农户贷款需求意愿不高主要是因为贫困农户的小规模种植不需要借贷且无其他投资机会，此外，贫困农户林权抵押贷款需求更多是生活性需要，而非生产性需要，且贷款的应急性特征十分明显；与非贫困农户相比，贫困农户获得贷款的可能性也不高，贫困农户林地面积小，不能满足作为抵押品的条件，经营能力差，预期未来收入低，导致受到信贷约束仍较强。

（4）在理论上，林权抵押贷款与农地抵押贷款和小额信贷均被认为是缓解贫困地区农户信贷约束的新型融资方式，其扶贫功能成为学界关注的焦点。但是，实践证明，无论是何种融资方式，都不能很好地满足贫困农户的信贷需求，贫困农户获得信贷资源的难度依然很大。抵押贷款的现状是总量停滞、抵押率低、贫困农户受益少，金融机构放贷的内在利益驱动缺乏，导致其仅仅是被动响应政府的抵押贷款政策。小额信贷的总体形势是低迷、相对富裕农户捕获较为突出、贫困农户受益少，贫困农户经济活力弱、缺乏投资机会，对贷款需求小，致使其无法获得信贷资源。无论是抵押贷款，还是小额信用贷款，仅仅通过供给端的金融产品创新难以解决贫困农户融资难问题，需求端的贫困农户贷款需求是一个不可忽视的重要因素，只有从供求两端消除制约农户正规贷款行为的因素，才能真正克服贫困农户发展的障碍。

基于上述结论，提出以下政策建议：

第一，大力发展林下经济，提高土地资源利用效率，激发贫困农户投资发展生产的积极性；同时，要加强贫困农户的生产技能、金融知识、文化素养的培训与教育，提升贫困农户的文化水平、经营能力和金融意识，提高其增收机会，增强其获得贷款的可能性；此外，还要推进其农业经营结构高端化、经营格局多元化进程，以有效缓解金融机构对农户的信贷约束。

第二，在林权抵押产品设计上，应采取差异化的策略，明确区分市场化信贷产品和福利性信贷产品的边界，以农户收入为衡量标准，针对不同家庭经济条件、不同收入的农户量身定制不同的信贷产品，尤其要注重福利性信贷的普惠性和非营利性，真正发挥林权抵押贷款在扶贫中的作用。对于劳动能力短期弱、经济活动能力强的一般贫困农户，推出"基金担保＋小额信用循环贷款"信贷产品，地方政府财政出资组建小额信用贷款担保基金；对于劳动能力强、经济活动能力弱的一般贫困农户，推出"林业保险＋专业技术培训"的信贷产品，聘请专业技术人员以满足贫困农户在林业经营中的技术需求；对于劳动能力短期弱、经济活动能力弱的重度贫困农户，推出"贫困群体＋合作社"的信贷产品，合作社带动贫困农户发展生产，政府给予合作社一定的奖励和专项资助。

第三，加强政府、扶贫办与金融机构三者之间的合作，合力共建贫困农户信息动态管理系统，实现信息的共建共享，降低金融机构与贫困农户之间的信息不对称程度，增强银行提供贷款资源的意愿。依托扶贫办提供的贫困农户基本信息，银行根据农户家庭经济条件、收入水平对贫困农户进行分类，并匹配不同的信贷产品，贫困农户根据自身需求与银行进行对接，政府基于扶贫成效给予银行一定的奖励。

第四，政府要加大对森林资源评估、森林保险、林权交易市场的投入力度，不断提高森林资源价值的实现程度，降低金融机构的放贷风险，增强银行提供信贷资源的积极性。

3.5　农户森林保险需求意愿及其影响因素

3.5.1　研究意义

随着林业配套改革进程的深入，林业资源要素在市场配置下日显活跃。由于林业生产周期长，易遭受各种自然灾害的侵袭和人为灾害的破坏，如火、风、雪、水、病虫害等自然灾害以及乱砍滥伐、毁林开荒等人为灾害，都会给森林资源再生产带来重大损失。江西省集体林权制度改革后，农户对森林经营的积极性较以往提高了，森林火灾的发生起数有明显降低，人为灾害在相对减少（孔凡斌和杜丽，2009）。但自然灾害发生概率随生态环境的恶化呈上升趋势，如 2008 年中国南方林区遭受严重的霜冻、暴雪自然灾害，给江西省林业带来直接经济损失高达 112.6 亿元。因此，当前迫切需求通过一条有效的途径来分散农户经营森林的自然风险，而森林保险被认为是分散农户风险的一种最有效的途径。

3.5.2　理论分析框架及研究假说

对于农户参与保险行为及巨灾保险行为的分析在学术界已经有了较为成熟的研究，如谷洪波、尹宏文（2009），因为森林保险是一个新生事物，对农户参与森林保险的行为愿意还处于一个探讨的过程，本节试用博弈论对农户参与森林保险意愿的因素进行理论分析。

假定立木价格 P 不变，G 为林木的年生长量，即树木生长模型 $G = Ae^{Dt}$（陈东来 等，1997），$t > 0$，A 为常数，t 为采伐期，D 为内禀增长率，在假定其他环境条件不变的情况，内禀增长率 D 受生产要素投入劳动、资金和土地的影响，用柯布-道格拉斯生产函数 $F(L, K, S, t) = CL^{\alpha(t)} K^{\beta(t)} S^{z(t)}$，$L$、$K$、$S$ 分别为在 t 时期投入的劳动量、资本和林地资源情况。$0 < \alpha(t) < 1$，$0 \leqslant \beta(t) \leqslant 1$，$0 \leqslant z(t) \leqslant 1$，$C$ 为常数，所以树木的内禀增长率指在其他因素相等的情况下单位时间内的资本、劳动和土地投入所得到的产量增长率，即为 $D = F_t(L, K, S, t) = \dfrac{\partial F(L, K, S, t) / \partial t}{F(L, K, S, t)}$；$\alpha$ 为灾害发生的概率（$0 \leqslant \alpha \leqslant 1$），农户不购买森林保险的期望利润为：$LEV_1 = (PG - WE) \times$

$(1-\alpha)+[PG(1-\beta)-WE]\times\alpha$，$WE$ 为生产成本，简化后为：$PG-\alpha\beta PG-WE$。β 为灾害发生给农户带来产出 G 的损失率（$0\leqslant\beta\leqslant1$）。$\delta$ 为农户购买保险费用占总产出的百分比（$0\leqslant\delta\leqslant1$）；$\eta$ 为发生灾害后保险公司赔付额占农户总损失的百分比（$0\leqslant\eta\leqslant1$）。农户购买保险时的期望利润：

$$(PG-\delta\times PG-WE)\times(1-\alpha)$$
$$+[PG(1-\beta)+\eta\beta PG-\delta\times PG-WE]\times\alpha$$
$$=PG-\alpha\beta PG-\delta\times PG+\eta\alpha\beta PG-WE \qquad (3\text{-}13)$$

假设农户的行为决策是在理性人的假设下，农户参与森林保险的意愿为：

$$R=(PG-\alpha\beta PG-\delta\times PG+\alpha\beta\eta PG-WE)-(PG-\alpha\beta PG-WE)$$
$$(3\text{-}14)$$

简化为：

$$R=(\alpha\beta\eta-\delta)PG(L，K，S，t) \qquad (3\text{-}15)$$

如果农户有意愿购买保险，农户参与森林保险的意愿 R 必须满足 $R\geqslant0$；当 $R=0$ 时，农户参与或不参与森林保险所带来的期望利润是相等的。在此只考虑 $R>0$ 的情况，即 $\alpha\beta\eta>\delta$。

当 $\alpha\beta\eta>\delta$ 时，R 越大，农户参与森林保险的意愿越强。因此，影响农户参与森林保险意愿的因素有 δ、α、β、η、P、G，由于这些影响因素在调查农户意愿时很难直接测量，因此本研究采用了虚拟变量相对指标来替代，保费率 δ 用农户对保费的态度和国家补贴保费后参保态度；灾害发生概率 α 用是否经历森林灾害来测量；β 用林业灾害带来损失来测量；η 用林业保险索赔额度来测量；G 还受家庭劳动力、林地面积投入的资金以及采伐期等因素的影响，由于采伐期 t 是一个外生变量，不受农户意愿影响。本研究同时还考虑农户的人口学社会特征：年龄、受教育的程度；灾害与保险等方面的因素：森林乱砍滥伐情况，农户造林积极性态度，农户对林业保险的了解及对林业保险的需求。

3.5.3　农户参与森林保险行为意愿的实证分析

（1）样本数据的描述性分析。第一，农户自然灾害和经济损失情况分析。从表 3-14 中可以看出，在 228 个有效样本中，近五年经历过森林灾害的农户有 154 户，占总样本的 67.5%，未经历过森林灾害的农户有 74 户，占总样本的 32.5%，说明森林灾害的影响面是很大的。另外，农户普遍都认为受 2008 年雪灾影响比较严重，如表 3-15 所示，占受灾样本的 80.5% 基本是指 2008

的雪灾，占总受灾样本的 54.4%，由于林地面积和受灾程度的差异，导致的经济损失也不一样，如表 3-16 所示，因灾害导致的最大经济损失是 40 万元。

表 3-14　农户经历过森林灾害的情况

农户类型	特征值	频率	百分比（%）
未经历过	0	74	32.5
经历过	1	154	67.5
合计		228	100.0

表 3-15　森林灾害的种类

森林灾害	频率	受灾样本（%）	总样本（%）
火灾	18	11.7	7.9
雪灾	124	80.5	54.4
病虫害	6	3.9	2.6
偷盗	4	2.6	1.8
其他	2	1.3	0.9
合计	154	100.0	100.0

表 3-16　农户的经济损失

损失值（元）	户数	百分比（%）
0	38	24.7
1～1 000	12	7.8
1 001～4 000	33	21.4
4 001～10 000	36	23.4
10 001～50 000	29	18.8
50 001～400 000	6	3.9
合计	154	100

第二，农户参与森林保险的意愿情况分析。表 3-17 中显示农户参与森林保险的意愿，在 228 个有效样本中，愿意参与森林保险的农户有 87 户，占总样本的 38.2%，而明确表示不愿意参与森林保险的农户有 141 户，占总样本的 61.8%，这表明农户参与森林保险的意愿是比较低的。

表 3-17   农户参与森林保险的意愿

参与保险的意愿	特征值	频率	百分比（%）
不愿意	0	141	61.8
愿意	1	87	38.2
合计		228	100.0

（2）Logistic 模型的构建。因要分析的变量是农户参与森林保险的意愿，这是一个定性的二分变量，即有或没有参与保险的意愿，也是一个决策行为，所以本研究选用建立 Logistic 模型进行回归分析。Logistic 模型适用于因变量为二分变量的分析，是分析个体决策行为的理想模型。Logistic 回归模型形式如下：

$$\text{Prob}(y=1) = \frac{\exp(\beta + \sum_{i=1}^{n} \alpha_i x_i)}{1 + \exp(\beta + \sum_{i=1}^{n} \alpha_i x_i)} = \frac{e^z}{1 + e^z} = E(y) \quad (3\text{-}16)$$

因变量 Y 为农户参与森林保险的意愿，若农户有参与森林保险的意愿，因变量为 1；若没有参与森林保险的意愿，因变量为 0。一般认为，影响农户参与森林保险的主要因素有户主特征、家庭基本情况、森林灾害以及森林保险相关因素。

（3）模型参数估计结果。运用 SPSS16.0 统计软件对农户数据进行 Logistic 回归处理，将各个考虑的变量都放入模型中作为自变量进行回归，得到非标准化系数，结果如表 3-18 所示。从模型拟合度方面来看，模型卡方检验统计是显著的，−2 对数似然值为 164.356 和 Nagelkerke R^2 值为 0.582，也处于合理范围。因此，方程总体上的检验是显著的。

表 3-18   模型参数估计结果

变量	系数	显著值	发生比率
常量	−12.928	0.000***	0.000
户主年龄	−0.497	0.082*	0.608
户主文化程度	0.257	0.276	1.293
家庭劳动力人数	0.281	0.117	1.324
林地面积	−0.153	0.417	0.858
家庭收入主要来源（其他/参照组）		0.013*	

（续）

变量	系数	显著值	发生比率
林业	1.192	0.056*	3.295
农业	−1.415	0.127	0.243
农林业	0.791	0.230	2.206
乱砍滥伐程度	−0.185	0.576	0.831
造林积极性态度	0.403	0.129	1.496
森林是否经历过灾害	0.974	0.022**	2.650
灾害带来的经济损失程度	0.292	0.052*	1.340
森林保险的了解程度	0.439	0.055*	1.552
森林保险的需求态度	2.406	0.023**	11.089
森林保费的态度	−3.303	0.000***	0.037
森林保险赔付额度	0.899	0.089*	1.407
国家补贴保费下参保态度	1.905	0.000***	6.722
模型的整体性检验			
模型卡方检验值		118.481***	
−2 对数似然值		164.356	
Nagelkerke R^2		0.582	
百分比校正		84.4	

注：***表示在 1％的水平上显著，**表示在 5％的水平上显著，* 表示在 10％的水平上显著。

（4）模型结果分析。从表 3-18 中可知，户主的文化水平、家庭劳动力、林地面积、当地乱砍滥伐的程度、造林积极性对农户参与林地保险意愿没有显著影响。对农户参与保险意愿有显著影响的主要有以下变量：在 10％水平上显著的变量有户主年龄、农户家庭主要收入、农户对森林保险的了解程度、灾害带来的经济损失程度和森林保险赔付额度；在 5％水平上显著的变量有农户的森林是否经历过灾害、农户对林业保险的需求态度；在 1％水平上显著的变量有农户对林业保费的态度、国家补贴保费下的参保态度。

第一，户主特征和家庭因素对农户参与林业保险意愿的影响。户主的年龄影响方向是相反的，说明年龄越大，参与森林保险的意愿越弱。对农户来讲，森林保险属于新生事物，户主年龄越大，接受新事物越难。家庭主要收入来源依赖于林业的农户参与森林保险意愿是显著的，从发生比来看，依赖于林业收入的农户参与林业保险的发生比是非农林业的 3.295 倍。

第二，森林灾害有关因素对农户参与林业保险意愿的影响。农户的森林是否经历过灾害这一变量在林业相关因素中具有较强的解释能力。它对农户参与林业保险意愿的影响方向是正向的，说明经历过林业灾害的农户比没有经历过林业灾害的农户更愿意参与林业保险，经历过林业灾害的农户参与森林保险的发生比要比没有经历林业灾害的农户高出 1.65 倍。农户经历过森林灾害，说明发生概率大，B 值就大，在 $R>0$ 满足的前提下，控制该公式中其他变量不变，R 的值则大，农户的参与意愿越强。另外，灾害带来的经济损失程度越高，农户参与森林保险的意愿越强，反之，参与意愿越弱。

第三，林业保险因素对农户参与林业保险意愿的影响。农户对森林保险的了解程度正向影响参与森林保险的意愿，农户对林业保险越了解，参与林业保险意愿越强，反之不了解林业保险的农户更不愿意参与林业保险。从农户了解林业保险的均值为 2.30 来看，低于中间值 3，意味着农户普遍对林业保险还不够了解。农户对林业保险需求态度影响符号也是正向的，认为有需求林业保险的农户比无需求林业保险农户更愿意参与林业保险，有需求的农户参与林业保险是无需求农户的 11.089 倍。森林保险赔付额度高，η 值越大，农户参与森林保险意愿强。从表 3-12 中的标准化系数和显著性水平来看，农户对林业保费的态度和国家补贴保费下参与林业保险的态度对因变量的贡献最显著，影响公式 3-15 中的 δ，林业保费的态度影响是反向的，认为林业保费贵的农户更不愿意参与林业保险；国家补贴保费下参与森林保险的态度均值是 3.71，相对没有保费补贴时参与愿意明显提高了，而且对农户参与森林保险意愿的影响是正向的，当国家补贴保费后，δ 值下降，农户的参与意愿值上升。

3.5.4　模型的经验测定

根据已有的研究成果，在假定采伐期为 20 年和农户对森林保险信息对称的情况下，农户购买森林保险决策模型公式（3-15）有关基础数据见表 3-19（曹建华，2006；潘家坪，1999；吴焰，2009）。

表 3-19　农户购买森林保险决策模型的基础数据表

指标	数值
出材量 G（15×米³/公顷）	150
商品材初始价格 P（元/米³）	485
灾害发生概率 α（%）	21.6

（续）

指标	数值
灾害发生的损失率 β（%）	70
保险费率 δ（‰）	3
赔付额占总损失的百分率 η（%）	17.09

根据表 3-19 中的相关数据计算农户购买森林保险决策模型公式 3-15，可以得到经营商品林的农户参与森林保险的意愿 $R=-302.63$，$R<0$。从计算结果可以看出：在上述既定数据条件下，农户参与森林保险的意愿是比较低的，对理性人来讲，显然是不会参与森林保险的。商品材的价格、灾害发生概率和损失率不是人为能控制的，因此，在 $\alpha\beta\eta>\delta$ 的条件下，出材量和价格因素同农户参与森林保险意愿成正比关系。通过改变现有的保险费率和赔付额占总损失的百分率才是提高农户参与森林保险的最根本且最有效的途径。影响农户参与森林保险意愿影响因素分析见表 3-20。

表 3-20　农户参与森林保险意愿影响因素分析

因素指标	变化幅度						
灾害发生概率（%）	21	22	23	24	25	26	27
意愿	−268.23	−177.07	−85.92	5.24	96.39	187.55	278.71
灾害发生损失率（%）	30	40	50	60	70	80	90
意愿	−1 338.66	−1 057.38	−776.10	−494.82	−213.54	67.74	349.03
保险费率（‰）	1.5	2.0	2.5	3	3.5	4.0	4.5
意愿	788.62	424.87	61.12	−302.63	−666.38	−1 030.13	−1 393.88
赔付额占总损失的百分率（%）	16	17	18	19	20	21	22
意愿	−422.53	−312.53	−202.54	−92.54	17.46	127.46	237.456

从表 3-20 计算结果看，灾害发生概率、灾害发生损失率和赔付额占总损失的百分率因素对农户参与森林保险产生的影响，当具体影响因素从小到大在发生变化时，参与意愿也从负数上升为正数，说明农户从不愿意转向愿意参与的过程。保险费率从大到小发生变化时，意愿则从正数下降为负数，表达农户从愿意参与转向不愿意参与的过程。

3.5.5　结论与建议

根据上述对农户参与林业保险意愿的显著性结果看，为了充分调动农户参与林业保险的积极性，分散农户的林业风险，提高农户承担风险的能力，应从以下几个方面入手：

（1）大力发展林业经济，提高农户的收入水平。从农户的主要收入来源这一变量来看，家庭收入主要依赖于林业收入的农户参与林业保险的意愿强。如果大力发展林业经济收入，使从事林业经营的农户提高收入，提高林业保险的保险支付能力，则参与林业保险积极性也会提高。另外从公式（3-12）可知，当 $\alpha\beta\eta > \delta$ 条件下，PG 值越大，R 值越大，参与森林保险的意愿越强。

（2）提高国家与金融机构支农效应，提高森林保险的赔偿额度。模型结果显示森林保险赔付额度对农户参与森林保险意愿的影响是显著的，在既定数据条件下，对赔付额度 $\eta \geqslant 20\%$ 时，农户参与森林保险的意愿为正，如不考虑价格指数的影响，即数据计算得到赔付额为14 550元/公顷。而当 PQ 不变和 $\sigma\beta\eta > \delta$ 的条件下，η 值越大，R 越大，农户的参与意愿越高。因此，提高森林保险赔偿额度对农户参与森林保险意愿有明显的正向影响作用。

（3）加大国家对林业保险的扶持力度，提高商品林保费补贴。模型结果显示农户对林业保险的保费态度和国家补贴保费情况下的参保意愿这两个变量是最显著的，也就说农户对参与保险所承担的保费影响是敏感的。在既定数据条件下，只有当农户缴纳的保费 $\delta \leqslant 0.025$ 时，农户才愿意参与森林保险。当 PQ 不变和 $\alpha\beta\eta > \delta$ 的条件下，δ 值越小，R 值越大，农户的参与意愿越高。因此，提高商品林的保费补贴额度，降低农户缴纳的保险费率，是提高农户参与森林保险意愿的最有效的途径。

（4）积极开发林业险种，满足农户对林业保险的各种需求。针对当前不活跃的森林保险市场，农户林业保险意愿不高的情况下，其中可能存在农户没有找到适合自己的险种，因为森林所面对灾害种类较多，但相对的险种非常单一，满足不了农户的需求。因此，应积极开发多种形式的保险，促使林业保险市场更加活跃和完善。

（5）加强林业保险知识的宣传，增加林业保险的透明度。从调查中可知，农户对林业保险的了解均值为 2.3，表明对林业保险还处于不够了解的程度，同时模型结果显示农户对林业保险了解程度的影响也是非常显著的，因此，可以理解为农户对林业保险的不够了解是造成农户林业保险不积极的重要原因。政府除了提供政策保险外，还得同时对农户宣传林业保险知识，减少保险信息的不对称性。

（6）积极引导林业大户或造林企业参与保险，起到带动效应。林业改革以来，丰富的林业资源造就了一批林业大户或造林企业，也有许多地区采用"公司＋基地＋农户"等形式与山区农民合作造林，为带动林农增收和促进林区经济起到重要作用。在鼓励农户参与森林保险时，首先引导林业大户或造林企业参与保险，凸显林业大户的引领作用，加快农户参与保险的进程。要提高农户参与森林保险的积极性，必将涉及农户、政府、银行、保险公司、评估机构等在林业保险的各个环节不断完善和协调发展的问题。政策性森林保险试点的启动，提高了森林保险的投保率，提高了林农和企业抵御风险的能力，但在实施中同样存在一系列问题，如林价评估价过低、赔付额度过低、商品林的投保率低等。因此，森林保险的发展成熟还需要一个比较长的过程，存在的问题有待引起社会更多关注。

第四章　农户林业社会化服务需求意愿与选择行为偏差及其影响研究

在林业生产实践中，林业社会化服务需求中往往出现农户意愿与行为不一致的情况，即农户有林业社会化服务需求意愿，但是实际上却没有发生林业社会化服务选择行为，仅依据需求愿意的研究结论给出的政策建议在指导实践中难免会产生偏差，进而有可能导致政策失灵与失效。生产要素禀赋对不同经营规模农户林业社会化服务需求意愿和行为决策的影响机制，是集体林业社会化服务体系现代化建设科学决策的重要依据。基于农户调查数据，量化分析生产要素禀赋对经营规模异质性农户林业社会化服务需求意愿和选择行为偏差及其主要影响因素和影响机制。

4.1　研究意义

健全林业社会化服务体系是深化农村集体林业产权制度改革的重要内容，是全面提升集体林业经营现代化发展水平的必然要求（张建龙，2016）。2017年、2018年和2019年中央1号文件分别指出"完善农业社会化服务体系，提升农业社会服务供给能力和水平""促进我国小农户和现代农业发展的有机衔接"和"加快培育各类社会化服务组织"，党的十九届四中全会再次提出了进一步深化农村集体产权制度改革的重要任务。林业社会化服务体系在巩固集体林权制度改革成果中发挥着不可替代的重要作用（乔永平 等，2010）。然而，集体林权制度改革后，我国林业生产面临着小规模与大产业、大市场之间的现实矛盾，存在着林农林产品生产经营成本趋高，抵御市场风险和自然灾害风险的能力趋弱，林产品市场竞争力不强，林农林地投入积极性不高，林农林业社会化服务需求与供给不匹配等问题。这些问题的长期存在，必将严重制约我国集体林业经营发展水平的提高，影响林业现代化建设步伐（孔凡斌 等，2017）。健全林业社会化服务体系，把千家万户的小规模林业生产联结起来，提升管理和服务水平，才能形成规模效益、节本增效，实现小规模林业经营户与林业现代化发展有机衔接，进而有利于改善当前我国林业发展和农户经营的困境，提升林业的规模经济和分工效率（孔祥智，2017），这对进一步深化集体林业产权制度改革有着重要的现实意义。

我国林业社会化服务的供给与需求之间总量不平衡、结构不匹配问题尤为突出，尤其是在市场服务环节中销售、融资等方面失衡非常明显。有研究表明，在所调查的 1 400 余户农户中有 75.26％农户对林业社会化服务需求意愿十分迫切，有 87.6％的农户并未采纳林业社会化服务（廖文梅 等，2016），出现农户意愿与行为不一致的情况，即农户有林业社会化服务需求意愿但是实际上却没有农户社会化服务采纳行为，这是由于农户意愿在向行为转化的过程中，容易受到多种因素的复杂影响，导致农户最终的行为与最初的意愿之间存在差异。农户意愿与行为之间的偏差将会给政策制定者不完全信息，进而会对相关政策实施的效果带来消极影响，容易导致政策失灵与低效率。从表面上看，引起偏差的原因既有来自服务供给方的因素，例如供给的服务能否解决农户家庭经营中遇到的现实技术难题，也有来自服务需求方的因素，例如需求方的生产要素能否匹配实际的生产要求。更为重要的是，不同生产要素禀赋也会导致经营规模异质性农户社会化服务需求意愿与选择行为的变化（罗必良，2017），从而产生意愿与行为的偏差。然而，这些复杂因素到底是如何影响农户林业社会化服务需求意愿与选择行为，以及又是如何进一步对农户需求意愿向选择行为的转化产生影响？其中的具体影响机制又是什么？目前学术界尚未能给出确切的答案。为此，本文尝试利用农户入户调查数据，采用规范的经济计量分析模型，从生产要素禀赋视角，考察人力、技术、土地和资本等生产要素禀赋对经营规模异质性农户林业社会化服务需求（需求意愿）和行为（选择行为）及两者偏差的影响，并据此提出进一步完善林业社会化服务体系的对策建议。

4.2　研究进展

土地规模经营是在一定的适合的环境和社会经济条件下，各生产要素（土地、劳动力、资金、技术等）的最优组合和有效运行，取得最佳的经济效益。实现土地规模经营有两种途径：一是通过新型农业经营主体的土地流转来实现土地规模化经营，从而改善资源配置效率（姚洋，2000），实现土地规模经济。

然而，从全国土地流转情况来看，农民的土地流转状况并不乐观，学术理论观点与现实情况存在一定差距，但这不能否定"土地规模经营"的意义（胡新艳 等，2016）。二是以生产托管和保姆式服务为主的社会化服务推动农业的规模化经营（王志刚 等，2011），以期能够显著地改善农业的外部分工经济与规模经济，进而推动农业规模经营创新由"土地逻辑"向"分工逻辑"的方式转变（Yang & Zhao，2003；罗必良，2017），林业规模经营更是如此（孔凡斌 等，2017）。

作为创新规模经营的重要途径之一，林业社会化服务倍受学者和政府部门的关注。集体林业产权制度改革之后，农户对林业社会化服务的需求呈现多样化趋势，林业社会化服务供求结构差异较大（李宏印 等，2010）。需求方面，农户对生产销售环节的服务需求尤为强烈（廖文梅 等，2016），需求强度与该技术服务的相关收入占家庭总收入的比例以及农户在生产中是否遇到过技术难题有着重要正相关影响（黄武，2010）。供给方面，由于服务供给模式相对较单一，且大多数林业社会化服务仍主要由政府部门提供，难以满足广泛的农户需求，造成农户服务采纳行为具有明显不足（孔凡斌 等，2017）。就地区而言，欠发达地区农业社会化生产技术服务供给不足的现象尤为明显（姜长云，2016），农户技术服务需求与采纳失衡状态更为普遍（王瑜 等，2007），其主要原因在于服务供给方对农民技术需求掌握不足，致使政府、农业科研、技术推广人员的技术创新及推广与农民需求相脱节（黄季焜 等，2000）。

在影响林业社会化服务需求与行为的因素方面，除了上述服务供给方的原因外，还会受需求方自身因素的影响，农户接受服务收费和经历相应的困境会显著诱导农户林业社会化服务需求（廖文梅，2016），家庭资源禀赋会显著影响林农采纳林业技术服务的支付意愿和采纳行为，如家庭劳动力转移程度（孔凡斌，2018）、商品林经营类型（韩育霞 等，2019）、区位因素与地块位置（廖文梅 等，2016），农户家庭的要素配置、生产方式以及生产目的的不同也会引起社会化服务需求的异质化（周娟，2017），其中的土地规模即规模经营模式是决定农户生产性投资方式的关键变量。经营规模不同，社会化服务需求意愿与选择行为的重点也有差异，经营规模与生产环节外包存在倒 U 形关系。据此，林地经营规模与农户生产性外包行为之间存在拐点（罗小锋 等，2016），而林地细碎化提高了科技服务实施成本，进而抑制林农采纳林业新技术（廖文梅 等，2015；柯水发 等，2014）。在劳动密集型环节，经营规模小的农户投资机械生产加工并不是理性选择，导致其对机械服务外包需求较高

（蔡键 等，2017）。

农户需求意愿与行为的偏差问题的研究多集中于心理学和消费行为学领域，例如安全食品的购买（王建华 等，2018）、网购地理标志农产品（吴春雅 等，2019）和农村居民生态消费（刘文兴 等，2017）等，家庭购买能力、文化差异、便利程度和消费者认知会导致购买意愿与支付行为之间发生偏差（叶德珠 等，2012）。最近几年，农业经济领域的研究比较活跃，有关于如土地信托流转中的农户参与意愿和行为偏差研究（罗颖 等，2019），以及社会化服务需求意愿与行为的研究。劳动密集型生产环节外包服务中的农户需求意愿与行为一致性或偏差产生的原因，既有农户陈述的非真实意愿性的因素，也有农户真实意愿因客观原因而无法转化为实际行为的因素（张燕媛 等，2016）等。

整体上看，既有研究分别对林业社会化服务需求意愿和采纳行为及其影响因素进行卓有成效的探索。然而，从研究内容来看，关于农户林业社会化服务需求意愿选择（采纳）行为的转化研究还处于无人问津的状态。在林业生产实践中，林业社会化服务需求中往往出现农户意愿与行为不一致的情况，即农户有林业社会化服务需求意愿但是实际上却没有发生林业社会化服务选择行为，因此，仅依据需求愿意的研究结论给出的政策建议在指导实践中难免会产生偏差，进而有可能导致政策失灵与失效。从研究视角来看，不同生产要素禀赋配置对经营规模异质性农户林业社会化服务需求意愿与选择行为及其转化过程可能会产生重要影响，既有的研究对此缺乏应有的关注。从研究方法来看，既有研究主要采用二元 logit 和 probit 模型作为分析方法研究农户林业社会化服务需求意愿与选择行为，而实践中的农户选择林业社会化服务的种类和数量往往不止一个，不同类型的服务之间通常是相互影响的，采用传统的二元 Logit 和 Probit 模型可能会使估计结果产生严重偏误。

4.3　经济理论探索

农林业社会化服务本质上属于专业分工的范畴，也是技术进步和社会分工的结果。由于专业化可以提高生产效率，生产者将原来由自己操作的生产环节逐步地转移出去，交给更专门的服务组织（或个人）去完成。在追求个人效益最大化的前提下，农户面临的是生产和交易的选择。生产意味着所有环节都自己操作，那么他将花费高昂的生产成本。交易则是农民选择专业化的生产方式，把一部分不适合自己完成的生产环节交给专门的服务组织（或个人）去完成，如果耗费的交易成本低于自己的生产成本，农民就会非常希望得到服务，刺激了农户对社会化服务的需求。假如林业生产者自己完成所有操作的单位生产成本为 C_i，交给林业社会化服务完成耗用的单位生产成本为 C_1，双方就价格谈判、签订合作、监督执行、违约风险损失等交易成本为 A，而农户林业社会化服务的需求条件是：

$$C_1 + A \leqslant C_i \qquad\qquad (4\text{-}1)$$

农户作为"有限理性经济人"，其决策行为会受上述经济因素的影响，但也会受到非经济因素的影响。经济因素主要表现为：接受林业社会化服务能给他们带来时间、资金或人力耗费上的节约，从而使经营的效益增加，但在行为研究中难以对其节约程度进行量化。而实际研究中更偏重于要素配置角度的非经济因素影响，如农户家庭的要素配置、经营规模和区位特征等。当农户在林业经营过程中，遭遇经营困境或要素瓶颈等时会产生对林业社会化服务的需要，才能催生农户的需求动机，而动机在某种条件下就会转化选择行为。然而，在实践中往往出现农户意愿与行为不一致即偏差的情况，即农户有林业社会化服务需求意愿但是实际上却没有发生选择行为，其中的原因在于农户需求意愿在向行为转化的过程中会受多种影响因素共同作用（曹光乔 等，2010），导致农户最终的行为与最初的意愿之间存在偏差。基于此，本文从生产要素禀赋异质性的视角，研究经营规模异质性农户林业社会化服务需求意愿与选择行为偏差及其影响因素，以厘清生产要素禀赋影响经营规模异质性农户林业社会化服务需求意愿与选择行为的方向、程度与过程机制。

4.4 变量选择与假设

4.4.1 被解释变量

主要考察农户林业社会化服务需求愿意及选择行为一致性或偏差的影响因素与影响机制，即被解释变量集中于农户林地经营中最为迫切的社会化服务：林业良种及栽培技术服务、病虫害及火灾防治服务、林业代收代售服务。研究农户林业社会化服务行为主要分为两个部分：

（1）农户"是否需求林业社会化服务"，为二分类变量，农户对社会化服务需求时，需要取值为1，反之为0。

（2）基于不同资源规模视角，农户服务需求意愿与行为一致性分析，即"需求意愿"是否转化为"选择行为"。值得注意的是，"意愿是否转化为行为"

存在 4 种情况：①"有意愿-有行为"；②"无意愿-无行为"；③"有意愿-无行为"；④"无意愿-有行为"。本文研究的对象为"有意愿-有行为""有意愿-无行为"，即在农户对服务有需求的前提下，"意愿与行为是否一致"，属于二分类变量，需要取值为 1，反之为 0。

4.4.2　变量的选取与假设

生产要素作为经济学的范畴，囊括了社会生产经营活动时所需要的各种社会资源，主要包括劳动力、林地、技术、资本四种基本要素。

（1）劳动力要素。①劳动力数量越多的家庭，可配置的劳动力资源越多，需求与采纳林业社会化服务的可能性越大。②劳动力转移程度直接影响农村林业生产的劳动力数量，造成农村劳动力数量的短缺供给，总体上劳动力转移程度越高的农户对技术服务的需求越小（展进涛 等，2009；孔凡斌 等，2018）。因此，将劳动力要素设置为劳动力数量和劳动力转移程度。

（2）林地要素。①林地经营面积是决定农户林地经营、选择社会化服务的重要生产要素，在一定林地经营面积范围内，林地面积越大，生产要素配置能力要求越高，需求的林地社会化服务的意愿越强（黄武，2010）。因此，预计林地经营规模对农户林业社会化服务需要有正向影响。②土地的细碎化会推高林业生产的成本，抑制农户选择社会化服务行为（廖文梅 等，2015）。③经营林地的便利程度主要体现在林地到公路的距离（李桦 等，2014），距离远近不仅影响农户林业社会化服务可获性，同时也折射出林业交通基础设施状况。林地到公路的距离越远，意味着采运成本越高，在同等收益情况下，林业社会化服务的成本越高，从而抑制农户的林业社会化服务需求。因此，农户的林地资本要素变量设定为林地经营面积、林地细碎化程度、经营林地的便利性 3 个指标。

（3）技术要素。技术要素在生产销售活动中主要是指经验、技能这些主观的技术要素。①林地经营过程中是否经历相应困难，即良种及种植技术问题、病虫害、销售困难等难题，这对农户相应的社会化需求具有诱导作用（应瑞瑶 等，2014），并且经历的困难程度与需求强度有正向相关关系（黄武，2010）。②采伐指标申请困难与否，折射出申请程序复杂和手续烦琐程度，不当则会造成一些农户将可采伐的林木采伐权出让，损害农户林业经营的积极性。因此，将技术要素设置为经营中是否经历相应困难和采伐指标申请是否困难。

（4）资本要素。①林地经营资金的主要来源为借贷资金的农户，其专业化程度高，因而对各类林业社会化服务的需求更加强烈（廖文梅 等，2016）。

②林业收入越高，农户对林业的依赖程度越大，林业投入也越大，林业社会化服务的需求越强，但是林业收入和林地投入变量难以"消除"内生性问题，农户林业收入、林业投入与林业社会化服务需求之间存在密切的关系，如果将其直接放入模型中，内生性问题不可避免，因此，采用林业收入占总收入的比重作为代理指标，一般而言，林业收入占总收入的比重越高，林业收入和林业投入也会相对较高。③林业补贴政策主要是对人工造林、更新和改造的主体给予一定补助，包括造林补贴、森林抚育补贴、林木良种补贴等，补贴可以下降造林比较成本或比较收益，主要是激励农户积极地进行营林生产，获得林业补贴与否，可以依此判断农户是否从事林业生产或者林业投资，此类农户应更需要林业社会化服务。

（5）农户经营者要素。农户作为林业经营者，其特征对农户社会化服务的需求与采纳决策行为有着重要影响（庄丽娟 等，2011）。①户主年龄对农户的技术需求意愿与选择行为具有较大的影响。一般而言，随着农户年龄的增长，农户接受新鲜事物和采纳新技术的能力越弱，进行林业生产经营的积极性也越低。户主年龄越大，文化程度越低，接受新事物的能力越低，其对林业社会化服务的需求和可获性也会随之降低（孔凡斌 等，2018）。②户主文化程度较高的农户，不但能拥有更强的掌握新技术的能力，而且在林业生产中承受风险的能力更强。农户行为理论表明，农户资源禀赋的差异会影响农户对生产性服务有效需求的形成。

（6）区位控制变量。区位因素是反映土地经济质量（经济地理条件）的一种重要指标。不同区位与地理条件下的生产环境、生活水平等各不相同，进而也会造成农户林业社会化服务需求和行为的差异性（王浩 等，2012；廖文梅 等，2016），已是学术界和政府部门的共识。本文区位条件采用农村经济发展水平和地形条件两个指标来衡量。区域经济水平反映了该地区的区位发展水平，区位条件较好的地区其社会化服务市场更加成熟，农户在生产过程中越容易采用社会化服务。地形条件是反映地理条件的一种重要指标，不同的地形条件对社会化服务意愿与选择行为影响不明确。

4.5 样本区域与变量描述

4.5.1 样本区域

所有数据来自对浙江省、江西省、福建省 6 个县（市）800 户农户的调研。课题组按照随机分层原则选取样本，依据各县（市）林业生产情况，在每个县随机抽取 3 个乡镇，在抽取的乡镇中随机抽取 3 个村庄，共获得 54 个村庄，再根据村庄规模的大小，在每个村庄随机抽取 10～16 个农户。课题组累计向农户发放 850 份问卷，实际收回 820 份，剔除关键变量缺失与存在重大逻辑错误的问卷，实际获得有效样本 800 份，问卷有效率 94%。

4.5.2 变量统计描述

（1）被解释变量的描述。整体来看，样本农户总体对林业社会化服务的需求意愿较高，有 695 户对林业社会化服务有需求意愿，占比 86.88%；从不同服务类型来看，农户对病虫害及火灾防治服务的需求意愿最强烈，共计 624 户，占比 80.25%。其次，对产品代收代销服务、良种及栽培技术服务有需求意愿的户数分别有 547 户、544 户，分别占比 68.38%、68.00%，如表 4-1 所示。参考和借鉴既有研究（包庆丰 等，2010）的做法，将农户划分为三个层次：一是小规模农户，林地经营面积少于 10 亩的家庭；二是中规模农户，林地经营面积 11～60 亩；三是大规模户，林地经营面积 60 亩以上的家庭。除了小规模农户外，中规模与大规模农户对林业社会化服务的需求趋势与总体样本相同，并比小规模农户的林业社会化服务需求意愿更强烈。

表 4-1 不同经营规模农户林业社会化服务需求情况

	总体情况		小规模农户		中规模农户		大规模农户	
	户数	比例	户数	比例	户数	比例	户数	比例
良种及栽培技术服务	544	68.00	153	66.23	223	67.99	168	69.71
病虫害及火灾防治服务	642	80.25	175	75.76	269	82.01	198	82.16
产品代收代销服务	547	68.38	145	62.77	229	69.82	173	71.78

不同规模农户对林业社会化服务采纳的情况有差异。总体上，除了病虫害及火灾防治服务的采纳比例在 54% 以上，其他两类社会化服务的采纳比例均在 40% 以下，其中中等规模农户对三类社会化服务的采纳比例居前列（表 4-2）。通过对比分析发现，农户对林业社会化服务的需求意愿与选择行为呈现不一致的情况，农户在服务外包意愿转化行为的过程中受到多种因素的影响，使得意愿不能有效转化行为。

表4-2　不同经营规模农户采用林业社会化服务行为情况

项目	总体情况		小规模农户		中规模农户		大规模农户	
	户数	比例	户数	比例	户数	比例	户数	比例
良种及栽培技术服务	301	37.63	91	39.39	131	39.94	80	33.20
病虫害及火灾防治服务	541	67.63	125	54.11	233	71.04	157	65.15
产品代收代销服务	188	23.50	60	25.97	89	27.13	49	20.33

（2）解释变量的描述。解释变量的具体描述由表4-3可知，调研样本区域内林业经营农户户主的基本特征为：①户主文化程度：调研区域内户主的文化水平主要以小学水平为主，占比42.5%；②户主年龄：调研样本户主的年龄主要分布在41～50岁；③家庭人口数：调研区域农户家庭人口数主要在3～5人，占比66.13%；④农户类型：调研区域小规模农户占比为45.25%，其次为中规模、大规模农户，分别占比31.88%和22.88%。

表4-3　变量描述及定义

变量名称	变量解释		
（1）劳动力要素			
劳动力数量	家庭劳动力人数	2.812	1.240
劳动力转移程度	非农劳动力数量/家庭劳动力总数	0.333	0.240
（2）土地要素			
林地经营面积	0～10%＝1；10%～50%＝2；≥50%＝3	4.033	2.210
林地细碎化	林地块数/林地面积	0.109	2.272
林地道路的不便程度	面积最大的一块林地到公路的距离	0.841	1.929
（3）技术要素			
经营中是否经历相应困难	是＝1；否＝0	0.816	0.346
采伐指标申请是否困难	是＝1；否＝0	0.713	1.704
（4）资本要素			
经营资金的主要来源	借贷资金＝1；自有资金＝0	0.900	0.919
是否获得造林补贴	是＝1，否＝0	0.915	0.321
林业收入占比	0～10%＝1；10%～50%＝2；≥50%＝3	0.190	2.261
（5）户主经营者要素			
户主文化程度	小学及以下＝1；小学＝2；初中＝3；高中＝4；大专及以上＝5	1.571	3.139

（续）

变量名称	变量解释		
年龄	0～30＝1；31～40＝2；41～50＝3；51～60＝4；≥60＝5	3.620	0.947
（6）控制变量			
地区发展水平	很低＝1；较低＝2；中游＝3；较高＝4；很高＝5	2.662	0.948
地形条件	平原＝1；丘陵＝2；山地＝3	2.870	0.337

4.6　模型选择

农户林业社会化服务选择行为模型仍为二元选择问题，通常采用二元 Probit 模型，但是每个行为模型均是孤立分析。实际上，农户在生产过程可能有多项服务的选择，且这些服务之间并不排斥，简单的二元 Probit 模型无法解决服务选择行为之间的相关关系。而 Mv-Probit 模型（Multivariate Probit），不仅能够估计出农户单项服务选择行为的回归结果，而且能够给出各项服务回归结果的似然比检验，再通过似然比可以判断各服务之间的相互关系（Greene，2008），提高了估计精度和效率。

因此，采用 Mv-Probit 模型分析生产要素禀赋差异下农户采用社会化服务选择行为的影响因素，模型具体形式如下：

$$y^* = \partial_0 + \sum_i \partial_i x_i + \varepsilon \qquad (4\text{-}2)$$

$$y = \begin{cases} 1, & y^* > 0 \\ 0, & \text{其他} \end{cases} \qquad (4\text{-}3)$$

式（4-2）、式（4-3）中，y^* 表示潜变量，y 是因变量的观测变量，x_i 表示解释变量，i 表示解释变量个数。从式（4-3）中可以看出，若 $y^* > 0$，则 $y = 1$，表示农户服务需求的意愿与行为一致；∂_i、β_i 是估计参数，ε 是随机扰动项，服从均值为零，协方差为 Ψ 的多元正态分布，即 $\varepsilon \sim MVN(0, \Psi)$。对式（4-3）进行模拟最大似然估计，可得模型参数估计值。

4.7　农户林业社会化服务需求意愿分析

4.7.1　模型结果

运用 Stata 13 统计软件，对 800 户农户的林业社会化服务需求意愿与行为一致性的影响因素进行 Mv-Probit 模型估计，定量分析生产要素禀赋对农户林业社会化服务需求意愿的影响，模型结果如表 4-4 所示。模型 1、模型 2 和模型 3 为 Mv-Probit 模型分别对良种及栽培技术服务、病虫害防治服务、产品代收代销服务的回归结果。模型的多重共线性检验结果（VIF）值为 1.23，说明模型不存在多重共线性。从表 4-4 的回归结果发现，似然比检验显示在 1% 的水平上显著，表明良种及栽培技术服务、病虫害防治服务、产品代收代销服务的需求行为决策并非相互独立，而是存在一定的相关性，相关系数 $atrho21$、$atrho31$、$atrho32$ 均通过了显著性检验。

表 4-4 农户林业社会化服务需求意愿模型结果

变量	Mv-Probit 模型			Probit 模型	Probit 模型	Probit 模型
	（模型 1）	（模型 2）	（模型 3）	（模型 4）	（模型 5）	（模型 6）
(1) 劳动力要素						
劳动力数量	0.111**	0.065 *	0.108**	0.183**	0.132 *	0.173**
	(0.047)	(0.047)	(0.049)	(0.080)	(0.081)	(0.089)
劳动力转移程度	0.144	0.502**	0.488**	0.195	0.888***	0.694 *
	(0.249)	(0.245)	(0.256)	(0.418)	(0.412)	(0.474)
(2) 林地要素						
林地经营面积	−0.909**	0.097	−0.796 *	−1.311***	0.175	−1.086 *
	(0.450)	(0.363)	(0.451)	(0.723)	(0.641)	(0.769)
林地细碎化	−0.165**	0.016	−0.191**	−0.256**	0.028	−0.336**
	(0.734)	(0.072)	(0.074)	(0.121)	(0.121)	(0.134)
林地道路的不便程度	−0.018	−0.034 *	−0.004	−0.019	−0.063 *	−0.017
	(0.027)	(0.026)	(0.027)	(0.042)	(0.041)	(0.045)
(3) 技术要素						
经营中是否经历相应困难	0.241**	0.198**	0.159 *	0.359**	0.359**	0.235
	(0.096)	(0.095)	(0.098)	(0.159)	(0.162)	(0.176)
采伐指标申请是否困难	−0.069 *	0.031	−0.070 *	−0.128 *	0.039	−0.144 *
	(0.047)	(0.045)	(0.049)	(0.079)	(0.077)	(0.878)
(4) 资本要素						
经营资金的主要来源	−0.037	−0.073 *	−0.137**	−0.080	−0.088	−0.274 *
	(0.052)	(0.047)	(0.062)	(0.089)	(0.084)	(0.124)
是否获得造林补贴	0.723***	0.493***	0.741***	1.172***	0.812***	1.361***
	(0.115)	(0.105)	(0.124)	(0.198)	(0.175)	(0.244)
林业收入占比	0.166	0.234 *	0.189	0.278	0.384 *	0.229
	(0.142)	(0.154)	(0.149)	(0.241)	(0.269)	(0.265)

（续）

变量	Mv-Probit 模型			Probit 模型	Probit 模型	Probit 模型
	（模型 1）	（模型 2）	（模型 3）	（模型 4）	（模型 5）	（模型 6）
(5) 农户要素						
户主文化程度	−0.014	−0.023*	0.005	−0.022	−0.044*	0.006
	(0.016)	(0.016)	(0.161)	(0.026)	(0.026)	(0.028)
年龄	−0.064	−0.018	−0.001	−0.094	−0.021	0.013
	(0.522)	(0.051)	(0.054)	(0.092)	(0.093)	(0.100)
(6) 区位控制变量						
地区发展水平	0.295***	0.197***	0.130**	0.437***	0.298***	0.144
	(0.061)	(0.059)	(0.062)	(0.102)	(0.099)	(0.109)
地形条件	0.507***	0.163	0.221	0.753***	0.298	0.207
	(0.162)	(0.152)	(0.166)	(0.264)	(0.258)	(0.285)
Prob > chi2	0.000	0.000	0.000	0.000	0.000	0.000
Log likelihood	−1 192.697	−1 192.697	−1 192.697	−479.63	−472.97	−414.50
Pseudo R^2	—	—	—	0.093 8	0.058 9	0.073 5
atrho	1.160***	0.652***	0.578***			
	(0.0851)	(0.074)	(0.066)			

注：***、**、* 分别表示在 1%、5% 和 10% 的水平上显著，回归系数对应的括号内为标准误。

4.7.2　结果的稳健性检验

为了检验本文计量结果的稳健性，加入了单方程 Probit 模型，其估计结果如表 4-4 中模型 4、5、6 所示，对比来看，单方程 Probit 与联立方程 Mv-Probit 模型的估计结果基本一致，但也存在一定差异，主要表现为：模型 5 中资金的主要来源、模型 6 中经营是否经历相应困难、模型 6 中地区发展水平并不显著，而 Mv-Probit 模型估计均有不同程度的显著性。由此可见，虽然 Probit 模型估计结果与 Mv-Probit 模型回归结果在变量的方向上并无变化，但在某种程度上却低估了变量的显著性水平。

4.8　结果分析

4.8.1　劳动力要素的影响

（1）劳动力数量。劳动力数量在模型 1、2、3 中均显著，且呈正相关关系。进一步证实劳动力数量越多的家庭，其要素配置能力越强，释放家庭劳动力兼业其他收入渠道越多，选择社会化服务的意愿越强。

（2）劳动力转移程度。劳动力转移程度在模型2、3中达到5％的显著性水平，且都呈正相关关系。这与方鸿等（2013）的研究一致，家庭劳动力转移程度高的农户，可利用劳动力转移后带来的"资金回流"所产生的替代效应会降低农村劳动力的依赖，通过社会化服务可以解决家庭农业劳动力投入不足的问题。

4.8.2　林地要素的影响

（1）林地细碎化程度。林地细碎化分别在模型1、3中呈负相关关系，说明细碎化程度越高，选择社会化服务的意愿越低，可能原因是，细碎化程度越高，单位面积社会化服务成本越高，社会化服务的需求意愿下降，在良种及栽培技术服务和产品代收代销服务环节尤其明显。

（2）林地经营面积。林地经营面积在模型1、3中呈负相关关系。这与胡新艳、廖文梅等（2015）的研究结果一致，林地经营面积与农户生产性投资行为可能存在拐点（胡新艳 等，2016），林地经营面积越大，专业化程度越高，自主经营和服务供给的可能性增加，因此在良种及栽培技术服务、市场代收代售环节的社会化服务选择意愿会下降。

（3）林地道路的不便程度。林地道路的不便程度在模型2中达到10％的显著性水平，呈负相关关系。表明林地距离公路的距离越远，农户病虫害及火灾防治成本越大，抑制了农户对社会化服务的需求。

4.8.3　技术要素的影响

（1）林业经营中是否遇到困难与村经济水平在模型1、2、3中产生正向的影响，说明农户在经营生产中遇到的困难会促使农户通过选择服务来转移经营风险。

（2）采伐指标是否困难在模型2、3中达到10％的显著性水平，呈负相关关系。采伐指标申请困难，农户林业资源变现困难，抑制了农户林业生产的积极性。

4.8.4　资本要素的影响

（1）经营资金的主要来源在模型1、4中呈负相关关系，经营资金主要来源于自有资金的农户比来源于借贷的农户对林业社会化服务的需求意愿更强。

（2）是否获得造林补贴在模型1、2、3中均达到1％的显著性水平，呈正向关系，林业的补贴会显著提升农民采纳社会化服务的行为和需求。

4.8.5　农户要素的影响

（1）户主的文化程度在模型 2 中显著为负，文化程度高的农户大都转移到城市务工，在调研农户中高中以上文化水平与大专及以上文化水平的比例分别为 10％和 0.5％，文化程度更低的农户对于采纳社会化服务的意愿更低，且会降低对社会化服务的选择行为。

（2）林业收入占总收入的比重在模型 1、4 中达到了 10％的显著性水平，呈正相关关系，林业收入占总收入的比重越大，农户以林业为生计的路径越强，农户通过服务可以促进林业生产效率。

4.8.6　区位控制变量的影响

（1）地区发展水平会促进三种社会化服务的需求选择行为，地区发展水平越好，该地区配套的基础设施和服务供给条件较完善，明显能诱导农户林业社会化服务的选择意愿。

（2）地形条件。地形条件越趋于山区的农户对良种及栽培技术服务有显著的正向影响。

4.9　农户社会化服务需求意愿与选择行为一致性分析

在前文的研究中发现，不同林地规模的农户在选择服务的行为决策中会产生一定的差异，即林地经营面积与农户生产性投资行为可能存在拐点。因此，同样采取 MV-probit 模型，从规模差异视角入手，探析不同规模农户社会化服务需求意愿向选择行为转化的差异。

4.9.1　模型回归结果

运用 Stata 14.0 统计软件对小规模、中规模和大规模农户分类进行回归，从生产要素禀赋角度分别检验了在生产销售环节农户的需求意愿转化行为的影响因素，模型结果如表 4-5 所示。良种及栽培技术服务、产品代收代销服务、病虫害及火灾防治服务的相关系数 $atrho21$、$atrho31$、$atrho32$ 均通过了显著性检验且系数为正。表明农户在生产销售环节中，良种及栽培技术服务、产品代收代销服务和病虫害及火灾防治服务选择行为决策之间存在相互促进作用。

表 4-5 不同经营规模农户社会化服务需求意愿与选择行为转化回归结果

变量	小规模农户			中规模农户			大规模农户		
	良种及栽培技术服务	病虫害及火害防治服务	产品代收代销服务	良种及栽培技术服务	病虫害及火害防治服务	产品代收代销服务	良种及栽培技术服务	病虫害及火害防治服务	产品代收代销服务
(1) 劳动力要素									
劳动力数量	0.095	0.065	0.190**	0.078	0.117	0.075	0.080	−0.066	0.018
	(0.095)	(0.084)	(0.099)	(0.083)	(0.089)	(0.087)	(0.080)	(0.090)	(0.096)
劳动力转移程度	0.073	0.585	0.841*	0.127	0.204	0.033	0.509	0.131	−0.065
	(0.517)	(0.449)	(0.548)	(0.438)	(0.473)	(0.454)	(0.405)	(0.463)	(0.502)
(2) 林地要素									
林地经营面积	−1.231**	−0.057	−1.392**	1.073	−1.033	2.474	−4.607*	1.177	−0.192
	(0.561)	(0.378)	(0.605)	(1.926)	(1.819)	(2.019)	(8.384)	(1.549)	(1.356)
林地细碎化	−0.084	−0.014	0.027	−0.007	−0.029	−0.021	−0.047*	−0.057*	0.069**
	(0.103)	(0.091)	(0.097)	(0.062)	(0.059)	(0.066)	(0.034)	(0.031)	(0.034)
(3) 技术要素									
经营中是否经历相应困难	0.257	0.299*	0.414**	−0.052	0.078	0.029	0.047	0.215	−0.091
	(0.195)	(0.176)	(0.212)	(0.158)	(0.148)	(0.166)	(0.190)	(0.185)	(0.206)
采伐指标申请是否困难	−0.111	−0.005	−0.229**	0.012	0.039	−0.108*	0.064	0.009	−0.011
	(0.095)	(0.079)	(0.109)	(0.069)	(0.066)	(0.076)	(0.124)	(0.107)	(0.127)
(4) 资本要素									
经营资金的主要来源	−0.007	0.013	−0.054	0.054	0.102	−0.205	−0.069	−0.197***	−0.551**
	(0.107)	(0.097)	(0.127)	(0.132)	(0.133)	(0.147)	(0.078)	(0.069)	(0.192)
是否获得造林补贴	0.993***	0.492**	0.816***	0.859***	0.475***	0.760***	0.058	0.228	0.398
	(0.227)	(0.183)	(0.248)	(0.196)	(0.159)	(0.209)	(0.251)	(0.229)	(0.301)

（续）

变量	小规模农户			中规模农户			大规模农户		
	良种及栽培技术服务	病虫害及火害防治服务	产品代收代销服务	良种及栽培技术服务	病虫害及火害防治服务	产品代收代销服务	良种及栽培技术服务	病虫害及火害防治服务	产品代收代销服务
林业收入占比	0.165	0.108	-0.011	-0.110	0.303	-0.373	0.917**	0.736*	1.389***
	(0.239)	(0.223)	(0.305)	(0.262)	(0.298)	(0.353)	(0.356.)	(0.514)	(0.372)
(5) 农户经营者特征									
户主文化程度	-0.041	-0.008	-0.029	-0.010	-0.002	0.019	-0.020	-0.040	-0.037
	(0.035)	(0.031)	(0.037)	(0.022)	(0.023)	(0.024)	(0.039)	(0.038)	(0.043)
年龄	-0.278**	0.032	-0.155	0.059	-0.009	-0.032	-0.179*	-0.009	-0.162*
	(0.117)	(0.101)	(0.123)	(0.085)	(0.079)	(0.089)	(0.103)	(0.095)	(0.096)
(6) 区位控制变量									
地区发展水平	0.119	0.009	0.033	0.149*	0.103	-0.007	0.377**	0.241*	-0.189
	(0.119)	(0.107)	(0.127)	(0.093)	(0.086)	(0.098)	(0.159)	(0.144)	(0.169)
地形条件	0.689**	0.279	0.355*	0.349*	0.099	0.016	5.039	0.986*	1.560
	(0.258)	(0.214)	(0.268)	(0.242)	(0.226)	(0.252)	(124.22)	(0.711)	(3.349)
atrho21	1.482*** (0.102)			1.002*** (0.174)			1.033*** (0.181)		
atrho31	1.092*** (0.093)			0.549*** (0.146)			0.547*** (0.547)		
atrho32	1.144*** (0.094)			0.508*** (0.076)			0.525*** (0.169)		
Log likelihood	-342.909			-487.987			-342.898		
Chi²(3)	43.866***			105.809***			52.349***		

注：***、**、* 分别表示在 1%、5%和10%的水平上显著，回归系数对应的括号内为标准误。

4.9.2　回归结果分析

（1）劳动力要素的影响。劳动力数量、劳动力转移程度对小规模农户在销售环节代收代售服务需求意愿向行为的转化产生显著的正向作用。劳动力数量和劳动力转移数量越多的小规模农户，由于林地规模太小而一般属于林地兼业型，"人地情怀"也不愿意放弃林业领域，在将劳动力配置到其他行业的同时，会更倾向于将林地的代收代售服务环节外包，农户采用销售收入分成方式获得林业收入。

（2）林地要素的影响。林地细碎化程度对小规模、大规模农户社会化服务需求意愿转化行为具有明显的抑制作用，尤其是小规模农户的影响更明显，小规模农户的林地细碎化程度越高，意味着平均拥有的土地块数越多并且单块面积太小，则失去种植的意愿和价值，从而阻碍农户社会化服务意愿向行为的转化。林地道路的不便程度对大规模农户良种及栽培技术服务、病虫害及火害防治服务需求意愿转向行为产生负向影响，但对产品代收代销服务产生正向影响。可能的原因是林地距离公路的距离远，林业资源变现困难，从而增加农户在生产过程中的成本，制约了农户选择技术服务的可能性；而大规模农户选择产品代收代销服务的原因可能是，林地距离公路远，交通等基础设施条件较差，更倾向选择产品代收代销服务。

（3）技术要素的影响。经营中是否经历相应困难会显著促进小规模农户对病虫害及火害防治服务和产品代收代销服务等社会化服务行为转化。关于经营规模较小的农户，在经营过程中遇到困难后自我解决的能力较差，往往通过社会化服务解决。采伐指标申请是否困难对小规模农户和中规模农户的产品代收代销服务需求转化行为存在负向影响，采伐指标困难使得农户林地资源难以变现，从而降低农户林地经营的积极性与生产投入。

（4）资本要素的影响。林业经营资金来源于借贷资金对中规模、大规模农户的产品代收代销服务需求意愿向行为的转化存在负向的影响，资金来源于借贷资金对农户购买服务的能力产生约束，会降低其产品代收代销服务选择的可能。是否有林业补贴显著正向影响小规模、中规模农户的各类林业社会化服务需求意愿到选择行为的转化，林业收入占比显著促进大规模农户的各类林业社会化服务需求意愿到选择行为的转化。林业收入占比具有明显促进林业大户三种社会化服务需求行为的转化能力。林业是我国南方集体林区经济发展的主要途径，林业收入比重越高，农户经济林经营规模更大、专业程度更高，越能承担生产销售环节选择服务的成本，且对闲暇时间的偏好较强，在生产过程中越倾向于采用更多的社会化服务，以便快速完成农业生产作业，从而获得更多的闲暇时间。

（5）农户要素与区位因素的影响。户主年龄对大规模农户的良种及栽培技术、产品代收代销服务需求意愿到行为的转化存在负向的影响，与本文假设一致。农户年龄越大，接受新事物的能力会更慢，随着年龄的增长，行为转化能力慢慢降低。地区发展水平对中规模、大规模农户的生产环节的服务意愿与行为转化产生显著的正向作用。地区发展水平越高的地区，林业社会化服务体系与市场更成熟，相比于产品销路，生产环节的外包需求更为迫切。而山区中小规模农户更倾向选择良种及种植技术服务，而大规模农户更倾向于病虫害防治服务。因此，应该快速建立适合山区和丘陵地区适用的社会化服务，扩大林业社会化服务的覆盖面和供给力度。

4.9.3 结论与建议

以如何实现"林业规模化发展"这一重要问题入手，以规模经济理论、农户行为理论、社会分工理论等相关理论作为研究的基础，利用浙江省、福建省、江西省 800 户农户的调研数据，通过计量模型探索生产要素禀赋对经营规模异质性农户林业社会化服务需求意愿与选择行为转化机制，为进一步完善林业社会化服务体系提供理论支撑和政策建议。

（1）研究结论。第一，农户对社会化服务的需求意愿与选择行为存在较大差异，其一致性水平从高至低依次为：病虫害及火灾防治服务、农户对良种及栽培技术服务和产品代收代销服务，其需求意愿与选择行为的偏差分别为12.62％、30.37％和44.88％。

第二，劳动力要素中劳动力数量和劳动力转移程度对农户林业社会化服务需求意愿产生促进作用，但仅对小规模农户在销售环节代收代销服务行为转化有效。林地要素中林地经营面积和林地细碎化均抑制农户良种与种植技术、产品代收代销服务需求，尤其是小规模、大规模农户的意愿与行为转化，而林地道路的不便程度则抑制病虫害防治服务需求，同样抑制了大规模农户生产环节社会化服务需求意愿转向选择行为。技术要素中农户经历了相应困难会显著促进农户社会化服务需求意愿，但仅小规模农户对病虫害防治服务和产品代收代销服务等社会化服务行为转化有显著效果，而采伐指标申请困难则呈现相反特征，对小规模、中规模农户的产品代收代销服务需求转化行为影响更为明显。

资本要素对社会化服务意愿产生激励作用，但在获得造林补贴、林业收入占比大和依赖于自有资金仅分别促进中小规模、大规模农户的意愿向选择行为转化。农户要素户主年龄仅对小规模与大规模农户的良种与种植技术服务需求意愿向选择行为转化具有显著抑制作用。

（2）政策建议。第一，落实农村劳动力转移的社会化保障，加强劳动力技能培训。从计量结果中发现，农户作为生产决策的主体，"土地、劳动力、资本、技术"等生产要素禀赋是农户决策和进行家庭资源配置的行为逻辑起点。农户生产行为决策，必然从农户家庭的土地要素、劳动力要素、资本要素及技术要素的禀赋特征出发，对资源要素进行合理配置。因此，针对林地细碎化问题，需要稳步推进土地产权制度，同时保持产权的灵活性，加强林业资源评估机构和流转中介机构，从内部推进为林地规模经营。针对农村劳动力转移问题，需要合理有序地流转城乡劳动力，培育新型经营主体，拓展经农村经济社会发展空间，同时落实农村有关农村劳动力老龄化社会保障。同时加强农村务农劳动力培训，提高务农劳动力林业生产技能，促进对社会化服务的需求。

第二，建立科学有效的林业支持政策体系，分类指导农户生产决策行为。研究结果显示，农户获得造林补贴对农户社会化服务行为转化决策有激励作用，是提高农户林业经营绩效的有效途径。有效的林业支持政策下，农户预期林业经营将带来收益，从而在心理上强化农户对林业生产的投资动机。林业补贴政策应把真正从事林业生产的农户纳入支持对象，有必要分类提供林业补贴政策，引导农户从事具有优势的生产活动，从而降低农业生产成本，带动农户对专业化社会服务的需求。因此，应该提高补贴政策的针对性和覆盖性，有效识别可以成为服务供给主体的潜在农户；其次，针对散户与普通农户，提供适用于小规模农户生产的林业补贴政策，给予宽松的林业生产政策环境，引导小规模农户增加林业生产积极性，激励农户对生产性服务的需求；增加大规模农户资金的补贴力度，在资金压力上缓解现金流的约束，引导大规模农户生产装备和技术设备的引进，通过集约经营提高林业生产率。

第三，鼓励规模化供给主体，建立健全林业社会化服务供需对接机制。不论是农户将生产销售环节外包给服务组织，或推动可以成为服务供给者的农户向其他农户、农民专业合作社、农业社会化服务组织等学习先进的知识、技术及经验等，对于林业生产而言，服务规模化对林业产出的作用路径主要是林业生产销售环节的平均生产率的提高和学习的正外部性。因此，将农业家庭经营卷入分工，需要鼓励林业的专业化种植，培养不同环节的服务经营主体；完善各类林业生产性服务交易平台，构建林业社会化服务供需对接机制，促进林业社会化服务供需双方快速对接，提高农户家庭农业生产效率。应支持与引导研发适用于山地与丘陵地区林业社会化服务，从农户实际需求角度出发，提供多样化的服务供给类型，提高非平原地区农户社会化服务的可获得性。

参 考 文 献

包庆丰，王剑，2010. 林农对林业社会化服务体系需求分析：基于内蒙古巴彦淖尔市林农调查［J］. 林业经济（5）：88-90.

才琪，张大红，赵荣，等，2016. 林业社会化服务体系背景下林业新型经营主体探究［J］. 林业经济，38（2）：78-82.

蔡昉，2010. 人口转变、人口红利与刘易斯转折点［J］. 经济研究，56（4）：4-13.

蔡键，唐忠，朱勇，2017. 要素相对价格、土地资源条件与农户农业机械服务外包需求［J］. 中国农村经济（8）：18-28.

蔡志坚，丁胜，谢煜，等，2007. 农民对林业社会化服务的需求及对主要供给主体的认知：以林改后的福建省为例［J］. 林业经济问题（6）：494-498.

蔡志坚，刘俊，谢煜，等，2008. 福建林业社会化服务供给模式的研究［J］. 南京林业大学学报（自然科学版）（2）：118-122.

曹光乔，周力，易中懿，等，2010. 农业机械购置补贴对农户购机行为的影响：基于江苏省水稻种植业的实证分析［J］. 中国农村经济（6）：38-48.

陈风波，丁士军，2007. 农户行为变迁与农村经济发展：对民国以来汉江平原的研究［M］. 北京：中国农业出版社.

陈鹏，刘锡良，2011. 中国农户融资选择意愿研究：来自10省2万家农户借贷调查的证据［J］. 金融研究（7）：128-141.

陈义媛，2017. 土地托管的实践与组织困境：对农业社会化服务体系构建的思考［J］. 南京农业大学学报（社会科学版），17（6）：120-130，165-166.

陈卓，续竞秦，吴伟光，2014. 集体林区不同类型农户生计资本差异及生计满意度分析［J］. 林业经济，36（8）：36-41.

程郁，韩俊，罗丹，2009. 供给配给与需求压抑交互影响下的正规信贷约束：来自1874户农户金融需求行为考察［J］. 世界经济（5）：73-82.

程云行，秦邦凯，刘恩龙，2012. 浙江林农林业社会化服务需求的影响因素分析［J］. 农业经济与管理（5）：70-75.

丁海娟，张红霄，2012. 林权抵押贷款对农户融资造林的影响分析：以江西省安福县为例［J］. 中国林业经济（4）：29-31，39.

丁胜，徐凯飞，贾宗英，2013. 基于主成分分析的区域林业社会化服务体系评价［J］. 林业经济问题（2）：122-124.

方鸿，2013. 非农就业对农户农业生产性投资的影响 [J]. 云南财经大学学报，29（1）：
77-83.

冯彩云，2006. 瑞典、日本林业社会化服务体系的比较与借鉴 [J]. 林业经济（12）：
70-72.

傅鹏，张鹏，2016. 农村金融发展减贫的门槛效应与区域差异：来自中国的经验数据 [J].
当代财经（6）：55-64.

盖庆恩，朱喜，程名望，等，2015. 要素市场扭曲、垄断势力与全要素生产率 [J]. 经济
研究，61（5）：61-75.

盖庆恩，朱喜，史清华，2014. 劳动力转移对中国农业生产的影响 [J]. 经济学（季刊），
14（3）：1147-1170.

耿黎，2014. 劳动力大量转移下的大田生产社会化服务 [N]. 光明日报，10-06（6）.

龚道广，2000. 农业社会化服务的一般理论及其对农户选择的应用分析 [J]. 中国农村观
察，37（6）：25-34.

龚继红，钟涨宝，2011. 农户背景特征对农业服务购买意愿影响研究 [J]. 求索（1）：
12-15.

郭燕茹，2018. 集体林权抵押相关配套制度问题研究 [J]. 林业经济，40（9）：46-
49，54.

韩锋，赛斐，温亚利，2012. 林权抵押贷款需求影响因素分析：以江西省遂川县为例 [J].
林业经济问题，32（2）：126-131.

韩育霞，李桦，杨扬，2019. 市场环境、社会网络对不同商品林经营类型农户林业社会化
服务需求的影响研究：来自集体林区福建省的调查 [J]. 农林经济管理学报，18（2）：
199-208.

何文剑，张红霄，2014. 林权改革、产权结构与农户造林行为：基于江西、福建等 5 省 7
县林改政策及 415 户农户调研数据 [J]. 农林经济管理学报，13（02）：192-200.

何文剑，张红霄，汪海燕，2014. 林权改革、林权结构与农户采伐行为：基于南方集体林
区 7 个重点林业县（市）林改政策及 415 户农户调查数据 [J]. 中国农村经济（7）：
81-96.

贺梅英，庄丽娟，2014. 市场需求对农户技术采用行为诱导：来自荔枝主产区的数据 [J].
中国农村经济，30（2）.

胡家浩，2008. 美、德农业社会化服务提供的启示 [J]. 开放导报（5）：88-91.

胡新艳，杨晓莹，吕佳，2016. 劳动投入、土地规模与农户机械技术选择：观点解析及其
政策含义 [J]. 农村经济（6）：23-28.

胡兴华，李达德，2013. 林业社会化服务体系需求分析：基于四川省宣汉县林农调查 [J].

四川林勘设计（1）：72-74.

胡宇轩，黄毅，文彩云，等，2017. 农户林权抵押贷款需求意愿影响因素实证研究：基于7
省3 500户样本农户调查［J］. 林业经济，39（12）：50-55.

黄季焜，胡瑞法，孙振玉，2000. 让科学技术进入农村的千家万户：建立新的农业技术推
广创新体系［J］. 农业经济问题，21（4）：17-25.

黄丽媛，陈钦，陈仪全，2009. 福建省林权抵押贷款融资研究［J］. 中国农学通报，25
（18）：170-173.

黄武，2010. 农户对有偿技术服务的需求意愿及其影响因素分析：以江苏省种植业为
例［J］. 中国农村观察，31（2）：54-62.

黄祖辉，刘西川，程恩江，2009. 贫困地区农户正规信贷市场低参与程度的经验解释［J］.
经济研究，55（4）：116-128.

惠献波，2019. 农村土地经营权抵押货款：收入效应及模式差异［J］. 中国流通经济（1）：
112-118.

纪月清，王许沁，陆五一，等，2016. 农业劳动力特征、土地细碎化与农机社会化服
务［J］. 农业现代化研究，37（5）：910-916.

姜长云，2016. 关于发展农业生产性服务业的思考［J］. 农业经济问题（5）：8-15.

蒋冬生，陈造勋，温中林，等，2015. 林业职业教育与社会化服务体系研究［J］. 绿色科
技（9）：351-353.

金婷，刘强，刘帅，等，2018. 林权抵押贷款制约因素与发展对策研究：基于浙江省花桥
村典型案例调查［J］. 林业经济，40（9）：36-39.

金银亮，2017. 林权抵押、信贷配给与林农信贷可得性分析：基于静态博弈模型的视
角［J］. 技术经济与管理研究（4）：29-32.

金银亮，张红霄，2017. 基于金融精准扶贫的我国林权抵押机制设计［J］. 世界林业研究，
30（4）：85-90.

晋书元，2012. 湖南林业社会化服务体系建设调查报告［D］. 长沙：中南林业科技大学.

柯水发，王碧，张志涛，等，2014. 林业科技服务农户支付意愿的影响因素分析：基于云
南省252户农户调查［J］. 林业经济评论，4（1）：129-135.

孔凡斌，2008. 集体林权制度改革绩效评价理论与实证研究：基于江西省2 484户林农收入
增长的视角［J］. 林业科学（10）：132-141.

孔凡斌，廖文梅，2012. 集体林分权条件下的林地细碎化程度及与农户林地投入产出的关
系：基于江西省8县602户农户调查数据的分析［J］. 林业科学，48（4）：119-126.

孔凡斌，廖文梅，2014. 地形和区位因素对农户林地投入与产出水平的影响：基于8省
（区）1 790户农户数据的实证分析［J］. 林业科学，50（11）：129-137.

孔凡斌，廖文梅，2014. 集体林地细碎化、农户投入与林产品产出关系分析：基于中国9

个省（区）2 420 户农户调查数据 [J].农林经济管理学报，13（1）：64-73.

孔凡斌，廖文梅，杜丽，2013.农户集体林地细碎化及其空间特征分析 [J].农业经济问题，34（11）：77-81.

孔凡斌，廖文梅，潘丹，2013.中国集体林地联合经营政策研究 [M]，北京：中国农业出版社.

孔凡斌，阮华，廖文梅，2017.构建新型林业社会化服务体系：文献综述与研究展望 [J].林业经济问题，37（6）：90-96，112.

孔凡斌，阮华，廖文梅，2018.农村劳动力转移对农户林业社会化服务需求的影响：基于 1 407 户农户生产销售环节的调查 [J].林业科学（6）：132-142.

孔凡斌，阮华，廖文梅，2018.农户参与林权抵押贷款行为分析 [J].林业经济问题（12）：1-18，98.

孔凡斌，阮华，廖文梅，2019.不同贫困程度农户林权抵押贷款收入效应与贷款行为及其影响因素分析——基于 702 户农户调查数据的实证 [J].林业科学（10）：111-123.

孔凡斌，阮华，廖文梅，2020.林业社会化服务供给对贫困农户林地投入产出影响分析 [J].林业经济问题（3）：129-137.

孔祥梅，陈丹梅，2008.林业合作经济组织研究：福建永安和邵武案例 [J].林业经济，30（5）：48-52.

孔祥智，楼栋，何安华，2012.建立新型农业社会化服务体系：必要性、模式选择和对策建议 [J].教学与研究（1）：39-46.

孔祥智，徐珍源，2010.农业社会化服务供求研究：基于供给主体与需求强度的农户数据分析 [J].广西社会科学，26（3）：120-125.

孔祥智，2018.健全农业社会化服务体系实现小农户和现代农业发展有机衔接 [J].农村经营管理（4）：17-18.

兰庆高，惠献波，于丽红，等，2013.农村土地经营权抵押贷款意愿及其影响因素研究：基于农村信贷员的调查分析 [J].农业经济问题，34（7）：78-84，112.

冷清波，2007.江西省林业社会化服务需求调查与分析 [J].江西林业科技（6）：49-51，63.

冷小黑，张小迎，2011.农户有偿林业技术需求意愿的影响因素分析：基于江西宜春 243 户农户调查数据 [J].江西农业大学学报（社会科学版），10（2）：25-30.

李宾，马九杰，2014.劳动力转移、农业生产经营组织创新与城乡收入变化影响研究 [J].中国软科学，29（7）：60-76.

李宏印，张广胜，2010.辽宁省林业社会化服务体系现状调查及发展对策 [J].高等农业教育（6）：91-94.

李宏印，张广胜，2010.林农林业社会化服务需求意愿与供给现状的比较与分析：以"林改"后的辽宁省为例 [J] . 农业经济，30 (9)：64-73.

李桦，姚顺波，刘璨，2014. 集体林分权条件下不同经营类型商品林生产要素投入及其效率：基于三阶段 DEA 模型及其福建、江西农户调研数据 [J] . 林业科学，50 (12)：122-130.

李近如，王福田，2003. 瑞典私有林经营管理实践与启示 [J] . 林业经济 (5)：52-53.

李荣耀，2015. 农户购买合作社农业社会化服务的影响因素研究 [D] . 重庆：西南大学.

李岩，赵翠霞，兰庆高，2013. 农户正规供给型信贷约束现状及影响因素：基于农村信用社实证数据分析 [J] . 农业经济问题，34 (10)：41-48.

廖文梅，孔凡斌，林颖，2015. 劳动力转移程度对农户林地投入产出水平的影响：基于江西省 1 178 户农户数据的实证分析 [J] . 林业科学，51 (12)：87-95.

廖文梅，彭泰中，曹建华，2011. 农户参与森林保险意愿的实证分析——以江西为例 [J] . 林业科学 (5)：117-123.

廖文梅，张广来，孔凡斌，2016. 农户林业社会化服务需求特征及其影响因素分析：基于我国 8 省（区）1 413 户农户的调查 [J] . 林业科学，52 (11)：148-156.

廖文梅，张广来，周孟祺，2015. 林地细碎化对农户林业科技采纳行为的影响分析：基于江西吉安的调查 [J] . 江西社会科学，35 (3)：224-229.

林琴琴，吴承祯，刘标，2011. 林业社会化服务体系建构研究：基于福建省林业社会化服务需求的分析 [J] . 福建行政学院学报 (3)：98-102，108.

林万龙，杨丛丛，2012. 贫困农户能有效利用扶贫型小额信贷服务吗：对四川省仪陇县贫困村互助资金试点的案例分析 [J] . 中国农村经济 (2)：35-45.

刘璨，张永亮，刘浩，2015. 我国集体林权制度改革现状、问题及对策：中国集体林产权制度改革相关政策问题研究报告 [J] . 林业经济，37 (4)：3-11.

刘芳，2016. 青海省林业生产经营体制创新及林业社会化服务体系建设的思考 [J] . 防护林科技 (6)：73-75.

刘芳，2017. 集中连片特困区农村金融发展的动态减贫效应研究：基于 435 个贫困县的经验分析 [J] . 金融理论与实践 (6)：38-44.

刘明轩，姜长云，2015. 农户分化背景下不同农户金融服务需求研究 [J] . 南京农业大学学报（社会科学版），15 (5)：71-78，139.

刘宁，2014. 河南省林业社会化服务体系建设初探 [J] . 河南林业科技，34 (1)：33-35.

刘文兴，汪兴东，陈昭玖，2017. 农村居民生态消费意识与行为的一致性研究：基于江西生态文明先行示范区的调查 [J] . 农业经济问题，38 (9)：37-49，110-111.

刘轩羽，夏秀芳，周莉，2014. 林农小额林权抵押贷款需求影响因素分析：基于对福建省、浙江省和陕西省的调研 [J] . 西北林学院学报，29 (6)：288-292.

吕杰，冉陆荣，2008. 辽宁省集体林权改革与林业社会化服务体系调查报告 [J] . 林业经济问题（2）：131-135.

罗必良，2017. 论服务规模经营：从纵向分工到横向分工及连片专业化 [J]. 中国农村经济（11）：2-16.

罗伯特·西蒙，1989. 现代决策理论的基石 [M]. 北京：北京经济学院出版社.

罗会潭，王建皓，罗景波，2016. 江西崇义县林权抵押贷款主要做法与成效 [J]. 林业经济，38（7）：45-49.

罗小锋，向潇潇，李容容，2016. 种植大户最迫切需求的农业社会化服务是什么 [J]. 农业技术经济（5）：4-12.

罗颖，郑逸芳，许佳贤，2019. 农户参与土地信托流转意愿与行为选择偏差研究：基于福建省沙县农户的调查数据 [J]. 中共福建省委党校学报（5）：115-123.

马康贫，刘华周，1998. 江苏省淮北地区农户的技术选择与扩散 [J]. 农业技术经济，17（4）：3-5.

聂建平，2017. 农户异质性对"三权"抵押融资需求意愿影响因素分析：基于陕西省 4 县 683 户的调查 [J]. 财会通讯（26）：23-26，129.

宁学芳，方陆明，唐丽华，等，2015. 林权抵押贷款行为影响因素分析：以浙江省庆元县为例 [J]. 林业资源管理（6）：16-21，27.

宁攸凉，宁泽逵，2015. 林农贷款为什么难：基于动态博弈模型的分析 [J]. 林业经济问题，35（4）：307-312.

牛荣，陈思，张珩，2018. 不同规模农地抵押贷款可得性研究 [J]. 西北农林科技大学学报（社会科学版），18（6）：81-89.

牛荣，张珩，罗剑朝，2016. 产权抵押贷款下的农户信贷约束分析 [J]. 农业经济问题，37（1）：76-83，111-112.

牛晓冬，罗剑朝，牛晓琴，2017. 农户分化、农地经营权抵押融资与农户福利：基于陕西与宁夏农户调查数据验证 [J]. 财贸研究，28（7）：21-35.

潘经韬，陈池波，2018. 社会化服务能提升农机作业效率吗：基于 2004—2015 年省级面板数据的实证分析 [J]. 中国农业大学学报，23（12）：200-210.

祁效杰，赵元红，马晓燕，等，2013. 古浪县集体林权制度改革后林业社会化服务体系建设探析 [J]. 现代园艺（18）：225-229.

乔永平，聂影，2010. 新型林业社会化服务体系的构建：以福建省邵武市林业服务中心为例 [J]. 中国林业经济（5）：25-28.

秦邦凯，程云行，梅阳阳，2011. 我国林业社会化服务体系建设研究述评 [J]. 沈阳农业大学学报（社会科学版），13（5）：553-556.

沈红丽，2018. 农户信贷选择及信贷可获性的影响因素分析：基于天津市 506 个农户的调研数据 [J]. 金融理论与实践（4）：42-48.

石道金，许宇鹏，高鑫，2011. 农户林权抵押贷款行为及影响因素分析：来自浙江丽水的样本农户数据 [J]. 林业科学，47（8）：159-167.

舒斌，沈月琴，贺永波，等，2017. 林业补贴对浙江省农户林业投入影响的实证分析 [J]. 浙江农林大学学报，34（3）：534-542.

宋璇，田治威，曾玉林，2016. 林农林业社会化服务需求的优先序及其影响因素：基于湖南 10 县 500 户林农调查 [J]. 求索（6）：90-94.

宋璇，曾玉林，田治威，等，2017. 林农林业社会化服务满意度评价与分析：基于湖南省样本县的林农调查 [J]. 林业经济，39（4）：67-71，77.

孙少岩，郭扬，2018. 健全农业社会化服务体系助推乡村振兴战略：土地收益保证贷款相关理论及实践问题探讨 [J]. 商业研究（11）：7-11.

唐博文，罗小锋，秦军，2010. 农户采用不同属性技术的影响因素分析：基于 9 省（区）2110 户农户的调查 [J]. 中国农村经济，26（6）：49-57.

王汉杰，温涛，韩佳丽，2018. 深度贫困地区农村金融与农户收入增长：益贫还是益富？[J]. 当代财经（11）：44-55.

王浩，刘芳，2012. 农户对不同属性技术的需求及其影响因素分析：基于广东省油茶种植业的实证分析 [J]. 中国农村观察，33（1）：53-64.

王见，杨龙洲，陈伟，2014. 云南省林权抵押贷款业务发展的特征及问题研究 [J]. 林业经济问题，34（6）：525-528，534.

王建华，杨晨晨，朱湄，2018. 消费者对安全认证猪肉的选择行为偏差及其影响因素 [J]. 中国人口资源与环境，28（12）：147-158.

王志刚，申红芳，廖西元，2011. 农业规模经营：从生产销售环节外包开始：以水稻为例 [J]. 中国农村经济（9）：4-12.

韦欣，葛锦春，2011. 农村林权抵押贷款融资面临的障碍及其对策 [J]. 安徽农业科学，39（20）：12456-12457，12461.

翁夏燕，陶宝山，朱臻，2016. 林业补贴对农户林权抵押贷款意愿的影响研究：基于浙江省建德和开化的农户调查 [J]. 林业经济问题，36（4）：324-331.

吴春雅，夏紫莹，罗伟平，2019. 消费者网购地理标志农产品意愿与行为的偏差分析 [J]. 农业经济问题（5）：110-120.

吴守蓉，郭月亮，冀光楠，2016. 多元治理视角下中国林业社会化服务体系发展与政府角色变迁 [J]. 世界林业研究，29（2）：54-59.

夏春萍，韩来兴，2012. 农户林地投入影响因素实证分析：以利川市为例 [J]. 华中师范大学学报（自然科学版），46（4）：488-493.

谢彦明，刘德钦，2010. 林改后林农融资困境及对策分析：云南省景谷县 197 户林农调查 [J]. 林业经济（11）：35-39.

谢玉梅，周方召，胡基红，2015. 林权抵押贷款对农户福利影响研究 [J]. 湖南科技大学学报（社会科学版），18（4）：76-80.

徐春永，胡承辉，陈晓瑚，等，2015. 关于湖北林业社会化服务体系建设的思考 [J]. 湖北林业科技，44（3）：46-48.

徐秀英，2018. 浙江省深化集体林权制度改革实践与对策研究 [J]. 林业经济，40（8）：30-35.

徐璋勇，杨贺，2014. 农户信贷行为倾向及其影响因素分析：基于西部 11 省（区）1 664户农户的调查 [J]. 中国软科学（3）：45-56.

许佳贤，苏时鹏，黄安胜，等，2014. 农户林业经营效率及其影响因素分析：基于闽浙赣235 个固定观察点 6 年的调查数据 [J]. 农村经济（11）：42-46.

许庆，尹荣梁，章辉，2011. 规模经济、规模报酬与农业适度规模经营：基于我国粮食生产的实证研究 [J]. 经济研究，57（3）：59-71，94.

许雯静，2015. 黑龙江省国有林区发展林下经济的社会化服务体系研究 [D]. 哈尔滨：东北林业大学.

薛宬，刘伟平，2018. 行为能力对林农林业收入差距的影响效应：基于分位数回归 [J]. 浙江社会科学（6）：52-59，156.

杨扬，李桦，姚顺波，2018. 经验资本及林地规模对林农信贷的影响：来自集体林改试点省福建的调查 [J]. 西北农林科技大学学报（社会科学版），18（2）：131-138.

姚洋，2000. 集体决策下的诱导性制度变迁：中国农村地权稳定性演化的实证分析 [J]. 中国农村观察（2）：11-19.

叶宝治，徐秀英，2017. 社会资本对农户林权抵押贷款行为的影响分析：基于浙江省的农户调查 [J]. 林业资源管理（6）：9-15.

叶德珠，连玉君，黄有光，等，2012. 消费文化、认知偏差与消费行为偏差 [J]. 经济研究，47（2）：80-92.

尹海洁，唐雨，2009. 贫困测量中恩格尔系数的失效及分析 [J]. 统计研究，26（5）：54-58.

应瑞瑶，徐斌，2014. 农户采纳农业社会化服务的示范效应分析：以病虫害统防统治为例 [J]. 中国农村经济，30（8）：30-41.

于丽红，兰庆高，2012. 林权抵押贷款运行情况的调查研究：以辽宁省抚顺市林权抵押贷款实践为例 [J]. 农村经济（11）：57-59.

于艳丽，李桦，姚顺波，2017. 林权改革、市场激励与农户投入行为 [J]. 农业技术经济（10）：93-105.

袁榕，姚顺波，刘璨，2012. 林改后林农扩大林业经营规模意愿影响因素实证分析：以南方集体林权区为例 [J]. 山东农业大学学报（自然科学版），43（1）：148-154.

展进涛，2013. 技术推广服务、要素投入与农户水稻产出效应的差异性研究：基于 Quantile 回归的分析 [J]．南京农业大学学报（社会科学版），13（3）：40-46.

展进涛，陈超，2009. 劳动力转移对农户农业技术选择的影响：基于全国农户微观数据的分析 [J]．中国农村经济，25（3）：75-84.

张珩，罗剑朝，罗添元，等，2018. 社会资本、收入水平与农户借贷响应：来自苹果主产区 784 户农户的经验分析 [J]．经济与管理研究，39（8）：82-94.

张红霄，2015. 集体林产权制度改革后农户林权状况研究：基于国家政策法律、林改政策及农户调研数据 [J]．林业经济，37（1）：16-22.

张建龙，2015. 深化集体林权制度改革提升经营发展水平 [N]．学习时报，09-14（8）.

张建龙，2016. 继续深化集体林权制度改革全面提升集体林业经营发展水平 [J]．林业经济，38（1）：3-8.

张俊清，吕杰，2008. 集体林权制度改革下林农对用材林的投入行为分析 [J]．林业资源管理（4）：40-43.

张兰花，2016. 林权抵押贷款信用风险管理探析 [J]．林业经济问题，36（6）：541-545.

张立春，2014. 云南省林业社会化服务体系现状及发展对策 [J]．林业调查规划，39（2）：129-131.

张燕媛，张忠军，2016. 农户生产环节外包需求意愿与选择行为的偏差分析：基于江苏、江西两省水稻生产数据的实证 [J]．华中农业大学学报：社会科学版（2）：9-14.

赵赫程，2015. 林权抵押贷款与政策支撑体系研究：以辽宁省为例 [J]．林业经济，37（1）：40-44.

赵静，2009. 江苏水稻精确定量施肥技术推广应用中的农户采纳行为研究 [D]．扬州：扬州大学.

郑杰，2011. 让金融资本涌入林业"洼地"的两大举措：永安市林业投融资体制改革及森林保险案例 [J]．林业经济（5）：31-35.

郑苗苗，包庆丰，2013. 林业社会化服务体系研究进展 [J]．内蒙古农业大学学报（社会科学版），15（1）：25-27.

钟艳，谷梅，2005. 林业社会化服务体系的问题与对策探讨 [J]．绿色中国（4）：47-48.

钟涨宝，余建佐，2009. 农户农业科技采用及影响因素的实证分析：以湖北襄樊、枝江两市农户调查为例 [J]．乡镇经济，25（4）：24-27.

周波，张旭，2014. 农业技术应用中种稻大户风险偏好实证分析：基于江西省 1 077 户农户调查 [J]．农林经济管理学报，13（6）：584-594.

周娟，2017. 土地流转背景下农业社会化服务体系的重构与小农的困境 [J]．南京农业大学学报：社会科学版，17（6）：141-151.

周艺歌，徐若霖，姜雪梅，2013. 辽宁省林权抵押贷款影响因素分析 [J]．河南农业大学学报，47（3）：363-367.

朱冬亮，蔡惠花，2013. 林权抵押政策实施中林农参与行为及其影响因素分析：基于 8 省 26 县的调查数据［J］. 林业经济，35（10）：10-16.

朱海强，刘晓华，2013. 广西林业社会化服务体系研究［J］. 广西社会科学（7）：22-24.

朱莉华，马奔，温亚利，2017. 新一轮集体林权制度改革阶段成效、存在问题及完善对策［J］. 西北农林科技大学学报（社会科学版），17（3）：143-151.

朱述斌，饶盼，胡水秀，等，2015. 财政支持、推广行为与农技员指导稻农有效性传递研究：来自江西、浙江、安徽 3 省的调查［J］. 农林经济管理学报（6）：226-233.

朱文清，张莉琴，2019. 新一轮集体林地确权对农户林业长期投入的影响［J］. 改革（1）：109-121.

庄丽娟，贺梅英，张杰，2011. 农业生产性服务需求意愿及影响因素分析：以广东省 450 户荔枝生产者的调查为例［J］. 中国农村经济（3）：70-78.

Bereczki K，Hajdu K，Báldi A，2015. Effects of forest edge on pest control service provided by birds in fragmented temperate forests［J］. Acta Zoologica Academic Scientiarum Hungaricae，61（3）：289-304.

Bizimana C，Nieuwoudt W L，Ferrer S R D，2004. Farm size，land fragmentation and economic efficiency in Southern Rwanda［J］. Agrekon，43（2）：244-262.

Duan J J，Bauer L S，Abell K J，et al.，2015. Population dynamics of an invasive forest insect and associated natural enemies in the aftermath of invasion：implications for biological control［J］. Journal of Applied Ecology，52（5）：1246-1254.

Glicksman R L，2014. Wilderness management by the multiple use agencies：what makes the forest service and the Bureau of Land Management Different？［J］. Environmental Law，44（2）：447-495.

Greene W H，2008. Econometric Analysis［M］. Philadelphia：Granite Hill Publishers.

Kenefic L S，Rogers N S，2017. The Evolution of USDA forest service experimental forest research on northern conifers in the Northeast［J］. Journal of Forestry，115（1）：62-65.

Khanna Madhu，2001. Sequential Adoption of Site-specific Technologies and Its Implication for Nitrogen Productivity：A Double Selectivity Model［J］. American Journal of Agricultural Economics，83（1）：35-51.

Mattila O，Roos A，2014. Service logics of providers in the forestry services sector：evidence from Finland and Sweden［J］. Forest Policy and Economics，43（6）：10-17.

Mattila O，Toppinen A，Tervo M，et al.，2013. Non-industrial private forestry service markets in a flux：results from a qualitative analysis on Finland［J］. Small-scale Forestry，12（4）：559-578.

Mendes A M S C, 2006. Implementation analysis of forest programmers: some theoretical notes and an example [J]. Forest Policy and Economics (8): 512-528.

O'Herrin K, Shields P, 2016. Assessing municipal forestry activity: a survey of home-rule municipalities in Texas, U.S. [J]. Arboriculture and Urban Forestry, 42 (4): 267-280.

Palo M, Lehto E, 2012. Private or Socialistic Forestry? [M]. Berlin: Springer Netherlands.

Petersen T, Snartland V, Milgrom E M M, 2003. Are female of the elderly in rural China [J]. China Economic Quarterly, 3 (2): 721-730.

Petty A M, Isendahl C, Brenkert-Smithc H, et al., 2015. Applying historical ecology to natural resource management institutions: lessons from two case studies of landscape fire management [J]. Global Environmental Change, 3 (31): 1-10.

Pinho J, 2014. Forest Context and Policies in Portugal [M]. Switzerland: Springer International Publishing.

Stocks B J, Martell D L, 2016. Forest fire management expenditures in Canada: 1970-2013 [J]. The Forestry Chronicle, 92 (3): 298-306.

Szulecka J, Obidzinskib K, Dermawan A, 2016. Corporate-society engagement in plantation forestry in Indonesia: evolving approaches and their implications [J]. Forest Policy and Economics, 62 (1): 19-29.

Taylor J E, Adelman I, 2003. Agricultural household model: genesis, evolution and extension [J]. Review of Economics of the Household, 1: 33-58.

Thapa S, 2008. Gender differentials in agricultural productivity: evidence from Nepalese household data [R]. MPRA working paper.

Theodore W Schultz, 1964. Transforming Traditional Agriculture [M]. Chicago: The University of Chicago Press.

Udry C, 1996. Gender, agricultural production and the theory of the household [J]. Journal of Political Economy, 104 (5): 101-1046.

Wang X, Wotton B M, Cantin A S, et al., 2017. Cffdrs: an R package for the Canadian forest fire danger rating system [J]. Ecological Processes, 6 (1): 35-48.

WouterseF, Taylor J E, 2008. Migration and income diversification: Evidence from Burkina Faso, World Development, 36 (4): 625 – 640.

Yang X, Zhao Y, 2003. Endogenous Transaction Costs and Evolution of Division of Labor [M] // Ng Y et al. The Economics of E-commerce and Networking Decisions. London: Palgrave Macmillan.

图书在版编目（CIP）数据

林业社会化服务供给与农户需求特征及其影响研究/
孔凡斌，廖文梅著．—北京：中国农业出版社，2020.7
ISBN 978-7-109-26984-2

Ⅰ．①林⋯　Ⅱ．①孔⋯②廖⋯　Ⅲ．①林业经济—农
业社会化服务体系—研究—中国　Ⅳ．①F326.23

中国版本图书馆 CIP 数据核字（2020）第 112252 号

中国农业出版社出版

地址：北京市朝阳区麦子店街 18 号楼
邮编：100125
责任编辑：闫保荣　　文字编辑：郑　君
版式设计：王　晨　　责任校对：吴丽婷
印刷：北京中兴印刷有限公司
版次：2020 年 7 月第 1 版
印次：2020 年 7 月北京第 1 次印刷
发行：新华书店北京发行所
开本：700mm×1000mm　1/16
印张：9.5
字数：168 千字
定价：50.00 元